Vue.js

from entry to
project practice

Vue.js
从入门到项目实战

刘汉伟　编著

清華大學出版社
北　京

内 容 简 介

本书从Vue框架的基础语法讲起，逐步深入Vue进阶实战，并在最后配合项目实战案例，重点演示了Vue在项目开发中的一些应用。在系统地讲解Vue的相关知识之余，本书力图使读者对Vue项目开发产生更深入的理解。

本书共分为11章，涵盖的主要内容有前端的发展历程、Vue的基本介绍、Vue的语法、Vue中的选项、Vue中的内置组件、Vue项目化、使用Vue开发电商类网站、使用Vue开发企业官网、使用Vue开发移动端资讯类网站、使用Vue开发工具类网站。

本书内容通俗易懂、案例丰富、实用性强，特别适合Vue的初学者和从业人员阅读，同时也适合职业生涯遇到"瓶颈"的前端从业人员和其他编程爱好者阅读。另外，本书也适合作为相关培训机构的教材。

图书在版编目（CIP）数据

Vue.js从入门到项目实战 / 刘汉伟编著.—北京：清华大学出版社，2019（2020.7重印）

（新时代·技术新未来）

ISBN 978-7-302-52388-8

Ⅰ.①V… Ⅱ.①刘… Ⅲ.①网页制作工具—程序设计 Ⅳ.①TP393.092.2

中国版本图书馆 CIP 数据核字（2019）第 038166 号

责任编辑：刘 洋
封面设计：徐 超
版式设计：方加青
责任校对：宋玉莲
责任印制：杨 艳

出版发行：清华大学出版社
      网　　址：http://www.tup.com.cn，http://www.wqbook.com
      地　　址：北京清华大学学研大厦 A 座　　　　邮　　编：100084
      社 总 机：010-62770175　　　　　　　　邮　　购：010-62786544
      投稿与读者服务：010-62776969，c-service@tup.tsinghua.edu.cn
      质 量 反 馈：010-62772015，zhiliang@tup.tsinghua.edu.cn
印 装 者：三河市龙大印装有限公司
经　　销：全国新华书店
开　　本：187mm×235mm　　　　印　　张：16　　　字　　数：290 千字
版　　次：2019 年 4 月第 1 版　　　　印　　次：2020 年 7 月第 8 次印刷
定　　价：65.00 元

产品编号：082263-01

前言

传统的网站开发一般采用 HTML+CSS+JS "三驾马车"作为技术架构，而 Vue 立足于其上，以模板语法为基础，以数据绑定和组件化开发为核心，极大地简化了开发流程。使用 Vue 技术栈，开发者甚至可以在几分钟内搭建出一个完整的前端项目。

本书正是以 Vue 技术栈为核心，由浅入深地进行讲解。在语法学习之外，本书还将深入探讨和模拟底层机制的实现，从原生的角度剖析框架。最后，本书将以当前最常见的网站类型为例来讲解。

本书将选取有代表性和表达鲜明的示例，以实战示例讲解知识点，避免将理论架空和复杂化，并力图用浅显易懂的语言进行论述，最大程度地使文章内容更易于理解。对于一些最佳实践和优秀模式，本书还将划分小节对其进行专题讲述。与其他同类书籍相比，本书是从前端从业者的角度来思考和编写的，专注于解决学习者在职业生涯上遇到的困难和"瓶颈"。

读者对象

本书适合以下读者群体阅读。

（1）Vue 初学者

初学者往往会发现上手 Vue 并不困难，但在项目开发中却不能灵活自如地使用它，接踵而来的程序漏洞和频繁变动的项目需求会使自己手忙脚乱，甚至想采用熟悉却更复杂的原生写法来进行开发。导致这种现象的根源在于他们对于 Vue 的理解还不够深，对 Vue 中暗藏的"黑魔法"无法敏锐地洞察，甚至仅在学习过语法之后就开始进行开发，以致在实战中无法根据具体情况采用最合适的方案。本书针对这一情况，特意将这些"黑魔法"总结出来并模拟实现许多框架底层的机制，深入浅出地对其进行讲解，意在让读者看懂会用。

（2）原生或仿原生 JS（Java Script）的从业者

Vue 立足于 JS，一切使用 Vue 进行开发的项目均可以使用

JS 进行开发，正如一切的编程语言都立足于电元信号的正负极，即 01 码，可为什么软件都不采用二进制编码来进行开发呢？这里面牵扯到一个成本的问题，这正是影响项目领导者进行决策的关键因素。Vue 项目与原生 JS 或 jQuery 等仿原生框架项目相比，开发成本要低一些。与此同时，Vue 项目对从业者的要求要高一些，待遇和前景要好一些。

如果你是一名原生 JS 的应用开发者，不妨学一手 Vue，也许就此突破职业"瓶颈"，迎来职业生涯又一春天。本书将作为你成长路上的最佳伴侣。

（3）对 MVVM 架构理念感兴趣的爱好者

从 GitHub 上被标星的次数来看，Vue 从诞生至今，以其强大的特性和低廉的学习成本后来居上，已经成为 MVVM 框架中的最受欢迎者。从各个角度的对比来看，Vue 也比在 MVVM 框架中同样具有代表性的 Angular 和 React 更出色一些，这点在本书中也有论述。毫无疑问，对 Vue 的学习将有助于你了解 MVVM 的架构理念，达到一叶知秋的效果。此外，本书还将演示多个采用 MVVM 架构的 Web 项目，在实战中践行理论，以呈现出最真实的观感。

（4）大中专院校和培训机构等相关专业的学生

从本质上来讲，Vue 属于前端技术栈中的一项实用技能，更适合于软件工程和计算机科学与技术等相关专业的同学学习。但如果你想跨专业就业的话，上手 Vue 也并不是一件难事，本书将带领你快速入门 Vue 的世界，前提是需要一定的前端基础。

多年以来，程序员的薪资待遇一直为人所羡慕且不断地提升，而前端工程师更是其中热门。从近年来的招聘信息来看，企业对于前端的要求也越来越高，"MVVM 框架（Vue/React/Angular）的使用经验"已成为 Web 应用项目招人的基本要求。本书将以理论结合实战的方式，由浅入深地对 Vue 进行讲解，脚踏实地，一步一个脚印，帮你筑基前端工程师之路。

本书特色

（1）示例为主，剖析为辅，一切尽在运行中，避免将理论架空

本书中的知识点均配以精心编制、具有代表性的示例，并力图将知识点融入示例中进行讲述，目的在于以示例为驱动演绎知识点，将理论生动形象化，避免大段理论带来的枯燥感和视野盲区。在由浅入深地讲述一套知识体系时，笔者将以同一示例为原型，不断对其进行丰富和变换，绝不会引入新的示例代码以增添读者的负担。此外，这些示例均是独立可运行的，读者完全可以在模仿和拓展中解决阅读时产生的疑惑。

（2）理论与实践结合，在理论中洞察，在实践中感悟

本书的前六章内容重在讲解 Vue 的知识体系，力图使读者达到学有所知、学有所感的地步，使读者在接触到陌生的 Vue 代码片段时，能够知其优劣。而后五章内容以常见的网站类型为例，展示了 Vue 在项目开发中的运用，这些网站包括电商类网站（PC 端）、企业官网（兼容 PC 和移动端）、资讯类网站（移动端）和工具类网站（PC 端）。

以理论指导实践，以实践检验和丰富理论，这是一个螺旋上升的过程，也是认知新事物的正确方法。笔者希望以理论与实践相结合的方式，避免纸上谈兵，使读者不仅能够学有所知、学有所感，更能够学以致用。

（3）多年经验和心得，大型项目的最佳实践和设计模式

笔者一直活跃于 GitHub 等开源社区，接触过国内外许多优秀项目的源码，并以软件工程的专业知识不断检验和更新自己的认知。在本书的创作过程中，笔者会将一些最佳实践和设计模式应用于示例和项目的开发中。对于一些常用的实践和模式，笔者还将划分小节对其进行专题讲述。在讲解 Vue 之外，笔者希望这本书能够对你的编程境界有所提升。

本书愿景

从一无所知到略有心得，笔者也遇到过许多困难，借鉴过许多前辈的经验，也希望能够将自己的知识和心得分享出去，给走在路上的人照亮一段旅程。

本书从 Vue 的基础语法入手，逐步深入进阶特性，最后选取最具代表性的网站类型进行项目实战，其中穿插着各种最佳实践的讲解并模拟框架底层机制的实现，力图使同学们在理论学习中知其全貌，在实战中融会贯通。

希望这本书能够给你带来一定的收获和启发，在职业生涯上助你一臂之力。

本书学前基础

Vue 立足于 JS，这意味着你在学习本书之前要具备扎实的 JS 基础，除了会用最基本的关键字和语法结构之外，你还需要掌握 JS 中的事件机制、DOM 编程、闭包、对象引用和一些内置对象的常用方法等内容。当然，笔者也会在书中对这些内容进行简单的介绍，以确保不会对 Vue 的学习造成障碍。不过，作为一本前端技术的进阶用书，你的编程境界越高，你能体会的也就越多。

除了具备扎实的 JS 基础之外，你还需要掌握基本的 CSS 和 HTML 5 用法，这些是组件化开发中必不可少的内容。

在项目实战中，笔者将会使用一些 CSS 和 HTML 5 的高级特性或引入一些第三方组件库，缺乏相关开发经验的同学也许会对此感到陌生，不过也不必担心，笔者会对这些内容进行详细讲解。当然，它们也并不难于习得。

本书内容及体系结构

本书共分为 11 个章节，其中第 1 ～ 6 章属于概念篇，用于描述理论体系；7 ～ 11 章属于实战篇，用于演示实战项目。下面分别介绍这 11 个章节的内容。

第 1 章介绍 Vue 的发展历程、因果关系，这部分内容并不影响你对技术的掌握，如果你对此没有兴趣的话，可以跳过不看。

第 2 章首先介绍如何在项目中引入 Vue，这是使用 Vue 的起点所在；之后介绍 Vue 实例和实例的生命周期并主题化讲解 Vue 中的数据链和数据绑定原理，了解这些将会让你在项目开发中大受裨益。

第 3 章介绍 Vue 中的插值绑定和常见指令的用法，这是 Vue 学习中的重点部分。

第 4 章讲述了三个方面的选项。其中，有关数据和方法的选项也是 Vue 学习中的重点部分，掌握这些和第 3 章的内容足以让你构建一个完整的 Vue 应用；有关 DOM 渲染的选项在本书的实战章节中没有主动用到，这些选项是否能派上用场取决于你所在项目的开发方式；有关封装复用的选项属于 Vue 进阶特性，学习难度相对较大，学好这些将使你的代码结构更加优雅且易于维护，从而在面对复杂功能和频繁的需求变动时游刃有余。

第 5 章讲述了 Vue 中内置的一些组件，这些组件封装了一些功能，用好这些将使开发变得更加简单。

第 6 章讲述了 Vue 技术栈中的其他成员，包括前端路由（Vue Router）、状态管理器（Vuex）和项目快速构建工具（Vue Cli），这些都将服务于 Vue 项目的开发。

从第 7 章开始，本书进入实战章节。

第 7 章和第 8 章演示了电商类网站的开发，涉及的内容还包括打包工具 Webpack、字体图标库 Font Awesome 和缓存对象 localStorage。

第 9 章演示了企业官网的开发，涉及的内容还包括响应式设计、翻页组件 Swiper 和网站多语的配置。

第 10 章演示了资讯类网站的开发，涉及的内容还包括移动端应用的开发。

第 11 章演示了工具类网站的开发，涉及的内容还包括可伸缩矢量图形 SVG。

本书学习建议

对于初次接触 Vue 的同学来说，最好你能耐心将本书读完，除了学会使用 Vue 之外，你的编程境界也会有所提高。

如果你急于应聘要求具备 Vue 使用经验的岗位，就需要掌握第 3 章和第 4 章中有关数据和方法的选项，并对第 4 章中有关封装复用和第 5 章、第 6 章的内容有所了解，之后快速进入实战，查看 4 个 Web 项目的源码和演示。在 Vue 的深水区游泳，还不至于窒息。

如果你喜欢听故事的话，不妨把第 1 章读一下，毕竟在日后的工作中能接触到的代码五花八门，能对这些代码的年代特征形成基本的认识，也是蛮不错的。

本书的知识点均配以示例，希望通过演示示例的方式使复杂和空洞的理论变得形象起来，这些示例的代码将随书附赠。希望同学们在学习时不要干嚼文字，对于不理解的地方一定要运行代码，空看十遍不如上手一试。

在后面的实战章节中，本书只摘取了部分具有代表性的代码和流程进行讲解，逻辑结构较为抽象，建议同学们先运行项目；对项目内容有个大致的了解，之后参照项目源码进行学习。

辅助学习资料

● 本书源代码

● 本书辅助视频教程

以上内容，我们将存储在云端并提供下载链接（或二维码），具体请见本书封底。

致谢

其实每一个项目都不是一蹴而就的，一开始的计划总是随着局势（团队领导者的想法、市场变动、客户需求等）的变化被不断地修改，项目总是在一次次试错的过程中不断地成长和成熟，在反复的优化和重构后，项目才有了最终的模样。其实，人的一生也是如此，我们总是在不停地遇到困难，不停地追寻答案，借鉴着别人的经验和心得，借助前辈们踏平的道路，才走到了我们现在的位置。过去，我常常在想，"为往圣继绝学，呵，这是多么伟大的志向"，然而事实上，我们每个人都在做着这件事。人类社会现有的文明也绝非少数人的功劳，这来自一代代人的传承。

这里，首先要感谢 Vue 团队的开源精神，他们的无私奉献使我们在项目开发时有了更多和更好的技术选择，同时也促成了本书的编写。

感谢本书的所有编校人员，在你们的支持和帮助下，这本书才有了更高的质量。

最后感谢我的家人和同事们，是他们的支持给了我充足的空间和自由进行创作。

作　者

2018 年 10 月

目录

第二篇 实战篇 —— 提升于项目

附录 拓 展 篇

第一篇

概念篇——扎根于基础

第1章 引 言

该部分主要介绍前端技术的发展历史和从 MVC 架构进化到 MVVM 的历程。笔者意图通过对这些内容的描述，使读者对工作和学习中遇到的一些代码的标准和年代特征形成一些基本判断和认识，并充分了解 Vue 这样的 MVVM 框架对高效率和高质量项目开发所起到的作用。

1.1　前端技术的发展

纵观整个前端发展史，我们可以发现，几个关键的时间节点都是和重大的技术飞跃息息相关的，如 Ajax 的诞生、Node 的问世等。笔者将结合这几个点，和大家一起回顾和展望前端开发的历史发展轨迹和未来发展前景。

1.1.1　从静态走向动态

最初的网页是欧洲粒子物理研究所的科学家为了方便查看共享文档和论文，而基于 XML（Extensible Markup Language）语言创造的，这也是为什么在前端开发中，最重要的全局对象被称为 document 而不是 context、page、application 等的原因。当时，网页只具备文本图片的显示及页面间相互跳转（Hyper Link）的功能，因此人们称为 HTML（Hyper Text Markup Language）。

最初的 Web，功能十分单一，开发也并不复杂。开发者先把写好的网页放在服务器指定位置（网站根目录）下，然后将映射 URL 分享给使用者，使用者在浏览器地址栏输入 URL 即可访问网页内容，如图 1.1 所示。

图 1.1　早期的浏览器和网页

早期的 HTML 作为静态文件，即使只有部分内容是需要变动的，那么有多少种变动的可能性，就需要准备多少份文档，这对开发者来说是非常不友好的，并且无法与用户进行交互。

CGI（Common Gateway Interface）的出现改善了这一情况。CGI 作为服务器拓展功能，可以从数据库或者文件系统获取数据，在将数据渲染为 HTML 文档后，返回至客户端，从而实现了网页的动态生成。在接收到用户请求后，CGI 还可以在服务端进行处理，并返回对应的处理结果，如图 1.2 所示。

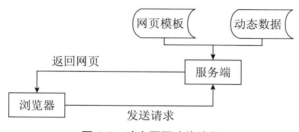

图 1.2　动态网页渲染流程

CGI 被广泛认为是服务端脚本语言的鼻祖。然而，它也有着非常致命的缺陷。首先，CGI 每接收到一个请求，都会新开一个进程进行处理，占用服务器的 CPU 和内存，当请求量成千上万时，服务器可能无法支撑以致崩溃。其次，黑客很容易通过不完善的 CGI 程序非法进入开发者的服务器系统，这从安全方面来考虑是绝对不允许的。

以后来人的角度来看，笔者认为 CGI 出现的最大意义就是给当时刚起步的 Web 提供了一个发展方向。在这之后，PHP、JSP、ASP 等各种服务端语言层出不穷，不仅弥补了 CGI 的缺陷，而且在性能上愈加高效，在开发上愈加简捷。这些语言的出现和广泛应用，使得 Web 技术飞速发展，前端网页从此从静态走向动态，这个时代被称为 Web 1.0 时代。

1.1.2　从后端走向前端

在 Web 1.0 时代，前后端是如何协作的呢？由于网页是在服务端使用动态脚本语言和模板引擎渲染出来的，所以一般由前端先写模板，写好后交付给后端套用，之后再由前后端联调，以确认模板套用无误。

在这种开发环境下，前后端耦合密切，项目开发需要很高的沟通成本。在模板引擎的变量、判断和循环、宏区块等语法糖的支持下，前端也可以拿到环境变量来实现部分业务逻辑。如果前端开发者表现得稍微弱势一些，就很有可能被后台摁着在视图层实现一些业务代码。同时，整个项目的代码质量也随之降低。

网站的这种组织架构还会带来另外一些问题。比如，页面哪怕仅有一小块内容需要变更，浏览器也需要重新请求和渲染整个页面。一方面，网站资源的传输耗费了更多的时间；另一方面，页面重载的用户体验也十分糟糕。

举个例子，用户在登录页面输入了错误密码时，服务器要将校验信息渲染到页面并传给浏览器。实际上，页面只是多了一行类似于"密码错误"的提示，然而网站资源却需要重新进行传输，同时页面还会丢失用户输入的表单数据（即便到了今天，这种现象依然可以在一些政府和国企的老旧网站中看到）。

当时虽然出现了各种页面和数据的缓存技术，稍有成效地缓解了这一问题，但也无法从根本上解决问题。于是，从事 Web 的前辈们开始探寻其他一些解决方案，如 Ajax 异步数据加载。

Ajax（Asynchronous JavaScript And XML，异步 JavaScript 和 XML）通过 XMLHttpRequest 对象，可以在不重载页面的情况下与 Web 服务器交换数据，再加上 JavaScript 的 document 对象，开发者们可以很轻松地实现页面局部内容刷新。

从 1999 年开始，ActiveX 和 XMLHttpRequest 陆续问世，Ajax 的星星之火渐渐燃起。时间推移到 2005 年，互联网巨头 Google 发布了全面使用 Ajax 打造的 Gmail（如图 1.3 所示）和 Gmap 两款应用。人们惊讶地发现，原来使用异步数据传输获得的应用体验是如此地良好。自此，Ajax 获得了井喷式的发展。

图 1.3　Gmail 使用界面

得益于 Ajax 的发展，前后端分离的趋势日渐明显，前端不再需要依赖后台环境生存，所有服务器数据都可以通过异步交互来获取。在取得一个良好定义的 RESTful（Representational State Transfer，表述性状态转移）接口后，两端甚至可以在零沟通成本的情况下并行完成项目任务。

随着 Google V8 引擎问世、PC 和移动端设备性能提高、ES6 和 H5 日趋成熟，浏览器端的计算能力和功能性似乎愈加过剩，开发者们开始将越来越多的业务逻辑代码迁移到前端，前端路由的概念也逐渐清晰。

路由这个概念首先出现在后台。传统 Web 网页间的跳转，需要开发者先在后台设置页面的路由规则，之后服务器根据用户的请求检索路由规则列表，并返回相应的页面。而前端路由则是在浏览器端配置路由规则，通过侦听浏览器地址的变化，异步加载和更新页面内容。

可以这么说，Ajax 实现了无刷新的数据交互，而前端路由则实现了无刷新的页面跳转。Ajax 将 Web Page 发展成 Web App，而前端路由则给了 Web App 更多的可能，如 SPA（Single Page Application，单页面应用），如图 1.4 所示。

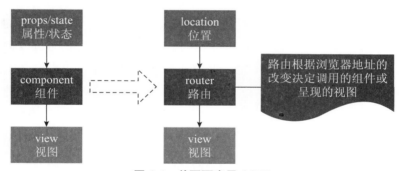

图 1.4　单页面应用 CSPA

Angular、React、Vue 等知名的前端框架都有前端路由的概念。在之后的章节中，笔者会专门讲解前端路由的实现原理和 Vue.js 项目的核心内容之一——Vue Router。

现在，很多 Web 项目采用这样的架构，后台只负责数据的存取和组装，而前端则负责业务逻辑层和视图层的全部工作。这一路走来，项目重心已从后端转移到了前端。

1.1.3　从前端走向全端

下面是笔者在 2018 年春节时，在 CSDN（国内的技术交流社区）的官网上截取的一张图，如图 1.5 所示。读之深有体会，有兴趣的同学可以细细品味，这里不再多作赘述。

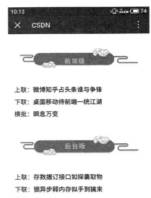

图 1.5　2018 年 CSDN 春联

若要说 2009 年 Web 界最为爆炸性的新闻，那一定是 Node.js 的问世。

2009 年 2 月，一个名叫 Ryan Dahl 的开发者在博客上宣布准备基于 Google V8 引擎创建一个轻量级的 Web 服务器并提供一套组件库。

同年 5 月，Ryan Dahl 在 GitHub 上发布了最初版本的 Node.js，这标志着 Node.js 的诞生。从此，Javascript 也占据了服务端编程语言的一席之地。前端工程师可以以很低的成本用 Node.js 和 MongoDB 搭建一个后台。乍一看，前端工程师和全栈工程师之间的距离，只在于一个 DataBase（数据库）。

从 Node.js 诞生至今，无论是新手还是专家，大批量地涌入 Node 社区，大家围绕着项目，使用并贡献着自己的力量，努力使之适用于更多的应用场景。这些年来，人们对 Node.js 褒贬不一，但毋庸置疑的是，它的问世必是前端发展史上浓墨重彩的一笔，如图 1.6 所示。

图 1.6　Node.js 主页

这两年来，随着微信小程序和支付宝小程序的问世，前端技术早已超脱了 Web 和 Hybrid 应用的范围。前端工程师很容易基于固有技术栈快速上手和开发小程序类微应用。以微信小程序为例，框架使用语法通用的 WXML 代替 HTML、WXSS 代替 CSS，开发语言由 HTML+CSS+JS 变为 WXML+WXSS+JS。此外，与 Vue.js 一样，它们也是 MVVM 模式，如图 1.7 所示。

图 1.7　微信小程序开发

2018 年 3 月 20 日，IT 技术圈里又爆出一热搜新闻：小米、中兴、华为、金立、联想、魅族、努比亚、OPPO、vivo、一加十厂联合共建"快应用"的标准和平台。

快应用类似于小程序，不用下载和安装即可使用和生成桌面快捷方式，但有区别的一点在于，快应用不必依赖于微信或者支付宝这样的第三方平台，它是手机厂商从系统应用层面支持的。对于前端工程师来说，这又是一则喜讯，因为开发快应用使用的也是前端技术栈。

可以预见，未来的前端和前端衍生技术很有可能遍布从 Web 到桌面应用，从 PC、移动端到智能电视、游戏机等的各个角落。

未来的工程师也许只分为两种，一种是负责数据方面的云端工程师，另一种则是全端（前端）工程师。

1.2　MVVM 族员——Vue.js

模型—视图—视图模型（Model-View-ViewModel，MVVM），本质上是 MVC（模型—视图—控制器）的改进版，其最重要的特性即是数据绑定（data binding），此外还包括依赖注入、路由配置、数据模板等一些特性。

1.2.1　从MVC到MVVM

模型—视图—控制器（Model-View-Controller，MVC）模式，在 Web 1.0 时代曾被广泛应用于 Web 架构中，然而其诞生的时间却比 Web 早几年。最初，MVC 被应用于桌面程序中，在 PHP、JSP 等脚本语言诞生之后，也逐渐成为 Web 开发的主流模式。

View 视图层是用户能够看到并进行交互的客户端界面，如桌面应用的图形界面、浏览器端渲染的网页等；Model 指业务模型，用于计算、校验、处理和提供数据，但不直接与用户产生交互；Controller 控制器则负责收集用户输入的数据，向相关模型请求数据并返回相应的视图来完成交互请求，如图 1.8 所示。

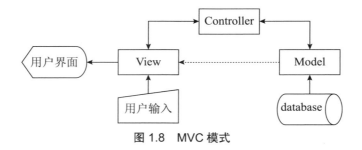

图 1.8　MVC 模式

MVC 模式实现了 M 和 V 的代码分离，M 专注于数据，V 专注于表达，C 则在 M 和 V 之间架起了一座桥梁。即使采用同一个 Model 的数据，如果调用不同的 View（如柱状图和表格），也会得到不同的页面呈现。这样的设计，不仅减少了 Model 层的冗余代码，使得 Model 和 View 更加灵活和易于维护，同时也简化了项目的架构和管理。

随着技术日新月异的更迭，MVC 渐渐演化出更多的形态。虽然这些模式都有特定的名称，然而实际上它们都是 MVC 的衍生版本。因此，有的开发者也会将其统一称作"MV*模式"，MVVM 即是其中的一种。

与 MVC 模式一样，MVVM 的主要目的是分离视图（View）和模型（Model），ViewModel 层封装了界面展示和操作的属性和接口。通过数据绑定，我们可以将 View 和 ViewModel 关联在一起，当 ViewModel 中的数据发生变化时，View 也会同步进行更新，如图 1.9 所示。

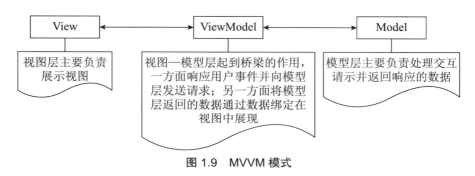

图 1.9　MVVM 模式

MVVM 模式解耦了视图和模型。在模式中，每一个视图都有对应的一个 ViewModel，同时 ViewModel 与模型建立联系。当接收到用户请求后，ViewModel 获取模型响应的数据，并通过数据绑定将相应的视图页面重新渲染。模型层的数据只需要传入 ViewModel 即可实现视图的同步更新，从而实现了视图和模型之间的松散耦合。

与 MVC 不同的是，MVC 是系统架构级别的，而 MVVM 是用于单页面上的。因此，MVVM 的灵活性要远大于 MVC。如果将这里的 M 抛开，只看 VVM 的话，那这就是一个组件（如 treeview）的设计模式。所以，MVVM 模式也是组件化开发的最佳实践。

1.2.2　Vue.js简介

Vue.js 是一套轻量级 MVVM 框架，由时任 Google 工程师的尤雨溪（现担任阿里 Weex 团队技术顾问）创作并开源。截至本书编写时，Vue.js 已在 GitHub 获得 star 数 9.3 万个，而同为 MVVM 框架且更早诞生的 React 获得的 star 数不过 9.5 万个，Angular 则是 5.8 万，如图 1.10 所示。

与其他重量级框架不同的是，Vue 的核心库只关注视图层，并且提供尽可能简单的 API 以实现数据绑定、组件复用等机制，且非常容易学习并混入其他库。同时，Vue 也完全有能力支持采用 SPA 设计和组合其他 Vue 生态库的系统。

图 1.10　MVVM 框架单指标影响力对比

1.3　Vue 与 React

在 MVVM 框架一族中，Vue.js 的表现十分优秀。在 1.3 和 1.4 小节中，我们将分别看到 Vue 和 React 以及 Vue 和 Angular 的对比表现。

Vue 和 React 都是轻量级框架，不过总体来看，Vue 的性能是要高于 React 的，笔者简单罗列了以下几点。

1.3.1　虚拟DOM

在处理用户界面时，DOM 操作成本是最高的，两者都在渲染流程中采用虚拟 DOM 以降低页面开销，如图 1.11 所示。不过，Vue 的虚拟 DOM 实现的层级更高一些，这也意味着 Vue 比 React 更轻量，性能更高一些。

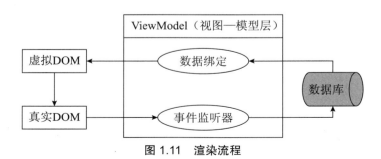

图 1.11　渲染流程

1.3.2　功能性组件

两者都提供一些功能性组件以减少用户开销。笔者运行 GitHub 上的一个测试项目
（https：//github.com/chrisvfritz/vue-render-performance-comparisons），该项目将渲染
10 000 个列表条目 100 次，得到的测试结果如下，如表 1.1 所示。

表 1.1　测 试 结 果

	Vue	React
第一次	22ms	63ms
第二次	22ms	64ms
第三次	23ms	62ms
第四次	22ms	63ms
第五次	22ms	63ms

React 和 Vue 的速度都很快，不过显然 Vue 的渲染速度要更快一些，这是因为 React
中有大量用于提供警告和错误提示信息的检查机制。

1.3.3　轻量级——将与核心库无关的业务封装成独立库

React 和 Vue 都将着重点放在核心库上，也都有专门负责路由和全局状态管理等
功能的配套库。例如，与 React 配套的有 React Router、Redux，与 Vue 配套的有 Vue
Router、Vuex。

1.3.4　视图模板

React 采用 JSX 渲染组件，而 Vue 则采用模板，比如 .vue 后缀的文件。

JSX 是使用 XML 语法编写 Javascript 的一种语法糖。语法如下：

```
class HelloMessage extends React.Component {
  render() {
    return (
      <div>
        Hello {this.props.name}
      </div>
    );
  }}

ReactDOM.render(
```

```
<HelloMessage name="Taylor" />,
mountNode
);
```

通过 JSX，我们可以只用 Javascript 来构建视图组件。不过，对于从传统 HTML+CSS+JS 分离开发走向组件化开发的前端工程师来说，这种语法感觉并不友好。

Vue 提供了更简单的模板。语法如下：

```
<template>
<div class="demo-title">{{title}}</div>
</template>

<script>
  export default {
    data () {
      return {
        title: 'Hello World'
      }
    }
  }
</script>

<style scoped>
.demo-title {
    font-size: 24px;
    font-weight: 600;
}
</style>
```

Vue 模板更贴合 HTML，而不是用更高层的东西去封装它，学习曲线十分平缓。在 Vue 模板的 style 标签上标注 scoped 属性可划分作用域，使 CSS 样式表只作用于当前组件（具体实现机制将在后续章节中描述）。

由于 Vue 模板更贴近原生，因此，我们很容易混入其他一些东西，比如 HTML 的预处理器（Pug/Jade 等）、CSS 的预处理器（LESS、SASS/SCSS 等），以及更高版本（高级）的脚本语言（TypeScript、ES6 Javascript 等）。Vue 模板的语法也更符合传统开发习惯，并易于团队分析和代码维护。

1.3.5　其他

除框架本身外，Vue 在其他方面也占据了一些优势，比如 Vue 的状态管理库 vuex 和路由库 vue-router 都是由官方维护更新，从而保证了这些库与 Vue 本身的统一性。而

React 的相关库则由社区进行维护，不过，这也使得 React 的社区生态更加繁荣一些。

　　此外，Vue 提供了项目快速构建工具——vue-cli 脚手架，提供了包含 npm 依赖管理、webpack 模块打包、vue-router 前端路由、eslint 语法检测、单元测试等集成功能，能够让开发者快速构建一个高质量的项目环境。

1.4　Vue 与 Angular

　　无论在代码体积和性能上面，Vue 都比 Angular1、Angular 2 表现得优异许多，这里不再赘述。笔者选择了以下几个方面来对比分析 Vue 和 Angular 的表现。

1.4.1　模板语法

　　Vue 的许多语法和 Angular 十分相似，可以认为 Angular 是 Vue 的灵感之源。因为尤雨溪当时在 Google 创意实验室，使用的就是 Google 主推的 Angular 框架。但是，随着使用程度不断加深，尤感觉 Angular 十分笨重，因此这才创造了 Vue。在 Vue 的诞生过程中，有很多地方都借鉴了 Angular 的语法习惯。

Angular 2 语法：

```
<input type="text" [(ngModel)]="name"/>
<button (click)="onSave($event)">Save</button>
<ul>
  <li *ngFor="letheroofheroes" [title]="hero.name" (click)="delete
(hero)">{{hero.name}}</li>
</ul>
<form #heroForm (ngSubmit)="submit()"></form>
```

Vue 语法：

```
<input type="text" v-model="name"/>
<button v-on:click="onSave($event)">Save</button>
<ul>
  <li v-for="heroinheroes" v-bind:title="hero.name" v-on:click="delete
(hero)">{{hero.name}}</li>
</ul>
<form ref="heroForm" v-on:submit="submit()"></form>
```

1.4.2　脏检测

　　Vue 与 Angular 1 相比最大的区别在于没有脏检测机制。在 Angular 1 中存在多个

watcher，当 watcher 越来越多时，检测耗时会越来越长。因为作用域中每发生一次变化，所有 watcher 都要重新计算，而一些 watcher 在计算之后可能又会导致新的变化，并引发所有 watcher 重新计算，从而进入一种无限循环的脏检测。

Angular 1 的处理方式是设置循环上限，比如 10 次，当循环达到 10 次，即中止循环。显然，这种脏检测机制性能十分低下、耗时长，并不适合大型 Web 应用。

Vue 的处理方式则是全局只设置一个 watcher，用这一个 watcher 来记录和更新一组关联对象的值，从而回避了脏检测的问题。

有意思的是，Vue 最初是参考 Angular 的，而 Angular 2 则借鉴了 Vue 的机制，采用相似的设计来解决脏检测存在的问题。

1.4.3 双向数据绑定

轻、重量级框架划分的标准是，是否过分参与系统结构级的架构和功能上的伸缩拓展。和 Vue、React 这样的轻量级框架相比，Angular 在单向数据流的视图渲染、事件绑定之外，还参与了 View 对 Model 层的数据更新，即双向数据绑定。显然，它是一个重量级框架。

在单向数据绑定中，视图模板和动态数据被渲染成网页后，数据流即中止，如图 1.12 所示。之后，由 ViewModel 接手与 View 层的数据绑定。View 层不可以直接修改 Model 层的数据，如果需要修改 Model 层的数据，则由 ViewModel 发起请求，这中间存在 ViewModel 和 Model 之间的数据同步传输。

图 1.12　单向数据绑定

然而，在双向数据绑定中，Model 和 View 始终建立着联系，Model 层的数据也一直保持着真实的状态，如图 1.13 所示。

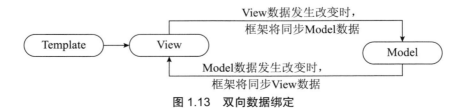

图 1.13　双向数据绑定

1.4.4　学习曲线

最后一点，广为人知且津津乐道的是，Angular 的学习曲线十分陡峭，初学者可能会有一种坐过山车的感觉。不过，笔者在 2016 年，接触过一个使用 Angular 1 进行开发的项目，当时感觉坡度是有的，但没有那么夸张，也可能是因为应用比较浅吧。

Vue 的学习曲线则较为平缓，在 Ember、Knockout、Angular、React 等前辈踏平的道路上，Vue 有更多趋于成熟的最佳实践可以拿来使用，也有更多的经验教训可以参考，从而设计出更简便的 API 来实现更复杂的功能。同时，这也有效降低了团队开发成本，并使得大型 Web 项目的构建变得更加容易。

第2章 基本介绍

本章主要介绍 Vue 项目开发的一些前置知识，该部分内容包括 Vue 及其环境工具的安装使用、Vue 实例的创建及其生命周期和 Vue 的数据响应式原理。

笔者希望通过对这些知识点的描述，使读者能够对 Vue 所采用的的一些机制和方法产生基本的认识，知道如何上手去用和为什么要这样用，并能将这些内容更好地用于实战开发。

2.1　安装和引入

本节内容将讲述如何在不使用项目构建工具的条件下，安装和引入 Vue 及其特定的调试工具。

对于原有的项目来说，由于 Vue 是一个轻量级、渐进式的 JavaScript 框架，所以你可以不用考虑将原有的技术架构直接引入 Vue.js 进行开发。即使在 Angular 的项目中引入 Vue.js 也是可以的，不过基本没有人会这么做，因为这会使得项目结构变得混乱和难以管理，并且完全没有必要。这是一个极端的例子，不过在某些并不极端的场合下，得益于 Vue.js 的灵活性，我们完全可以直接引入 Vue.js。

上面所说的"直接引入"是相对于项目构建工具引入而言的。如果要开发全新的 Vue 项目，笔者建议使用项目构建工具 Vue CLI，它可以快速构建一个"开箱即用"的大型单页应用，并提供了优秀的构建配置。之后，开发者只需要关注业务本身和核心代码的编写就可以了，之后会有专门的章节对其进行描述。

2.1.1　如何引入Vue.js

可以在官网下载 Vue.js 的开发版本和生产版本，如图 2.1 所示，并通过 <script> 标签引入，此时 Vue 会被注册为全局变量。

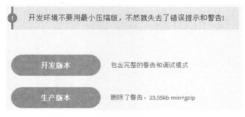

图 2.1　开发版和生产版的 Vue.js

当然也可以用 NPM ［Node Package Manager，Node 包（依赖）管理工具］安装。

NPM 最初用于管理和分发 Node.js 的依赖，它自动化的机制使得层层嵌套的依赖管理变得十分简单，因此后来被广泛应用于前端依赖的管理中。你需要在 Node 的官网下载 Node 客户端，同时，你会得到一个"附送的"NPM 工具。

由于 NPM 的仓库源布置在国外，资源传输速度较慢且可能受制，这里，笔者不建议直接使用 NPM 安装其他依赖，而是使用淘宝镜像源的 cnpm。

（1）安装 cnpm：

```
npm install -g cnpm --registry=https://registry.npm.taobao.org
```

（2）之后，使用 cnpm 安装 Vue.js：

```
cnpm install vue
```

（3）引入 Vue 模块：

```
import Vue from 'vue'
```

2.1.2　安装 Vue Devtools

在 Vue 学习和开发之前，笔者建议在你的浏览器（推荐使用 Google Chrome）上先安装 Vue Devtools 拓展程序。Vue Devtools 提供了一个界面，可以帮助我们查看 Vue 组件和全局状态管理器 Vuex 中记录的数据。

有条件访问国外受限网站的读者，可以直接访问 Google Web Store，搜索 vuejs-devtools 进行安装。

没有条件的同学只好跟着笔者手动安装了。

（1）下载 Vue Devtools（不了解 Git 的同学可以查看附录相关内容）。

```
git clone https://github.com/vuejs/vue-devtools.git
```

（2）进入 vue-devtools 目录下，安装构建工具所需要的依赖。

```
cnpm install
```

（3）构建工具，出现类似如图 2.2 中的信息即表示构建成功。

```
npm run build
```

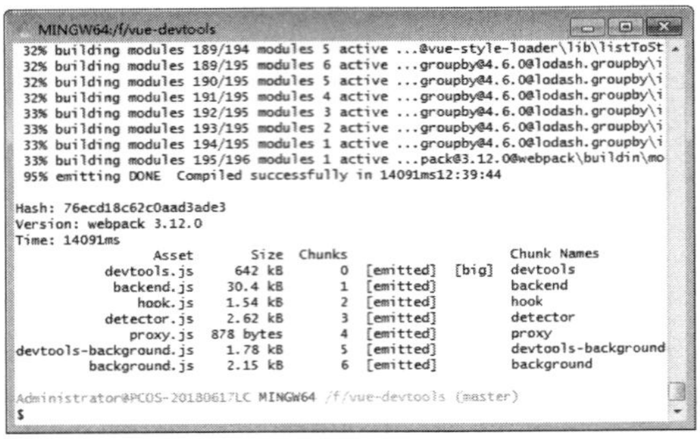

图 2.2　构建 vue-devtools

（4）打开 Chrome 扩展程序，如图 2.3 所示。

图 2.3　Google Chrome 拓展程序

（5）在扩展程序界面中，开启"开发者模式"（"开发者模式"为关闭状态时，搜索栏下的按钮将被隐藏），并点击"加载已解压的扩展程序"，选择"shell/chome"文件夹进行安装，如图 2.4 所示。

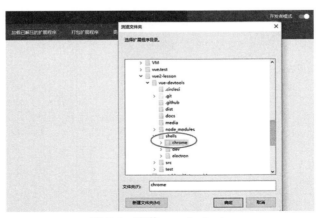

图 2.4　安装 vue-devtools

（6）再次打开 Vue 项目时，我们就可以在 Chrome 调试工具中通过 vue-devtools 查看组件状态了，如图 2.5 所示。

Welcome to Your Vue.js App

图 2.5 使用 vue-devtools 查看组件状态

2.2 Vue 实例介绍

Vue 应用的开发离不开 Vue 实例，下面笔者将创建一个简单的 Vue 实例并观察实例从创建到销毁的完整生命周期。

2.2.1 简单实例

一个简单的 Vue 实例，代码如下：

```
<div id="app">
  <h1>{{ title }}</h1>
</div>
<script src="https://cdn.jsdelivr.net/npm/vue@2.5.16/dist/vue.js"></
script>
<script type="text/javascript">
  var vm = new Vue({
    el: '#app',// 绑定（mount）到DOM上
    data () {
      return {
        title: 'Hello World'
      }
    }
  })
</script>
```

在这个实例中，笔者初始化了带有 title 数据的 vm 对象，并将其绑定到 id 为 app 的

DOM 节点上。

初始化时，在实例上绑定的常规数据对象会被 Vue 转化为被观察的拥有可响应行为的对象。简单地说，就是当数据发生变化时，会同步更新其数据链和作用域中所有的相关状态。最常见的情况就是，当实例数据发生变化时，视图也随之改变，如图 2.6 所示。

图 2.6　Vue 实例

2.2.2　生命周期

Vue 实例在初始化时需要经历一系列过程，比如编译模板、渲染虚拟 DOM 树、将实例挂载到 DOM 上、设置数据监听和数据绑定等。在这些过程中也会运行一些钩子函数，允许开发者在不同的阶段注入自己的代码。

下面，笔者将上一小节中的简单实例稍微改造一下，为其绑定钩子函数并打印标识信息，用以观察这些钩子函数执行的时机。

改造后的实例代码如下（关于 Vue 的语法，笔者将在之后的章节中详细讲解）：

```
<div id="app">
  <h1>{{ title }}</h1>
  <button @click="randomTitle()">改变title</button>
  <button @click="destoryVm()">销毁实例</button>
</div>
<script src="https://cdn.jsdelivr.net/npm/vue@2.5.16/dist/vue.min.
js"></script>
<script type="text/javascript">
  var vm = new Vue({
    el: '#app',    // mount到DOM上
    data () {
      return {
        title: 'Hello World'
```

```
      }
    },
    methods: {
      randomTitle () {
        this.title = 'Hello ' + ['China', 'World', 'Universe'][Math.
floor(Math.random() * 2.999)]
      },
      destoryVm () {
        this.$destroy()
      }
    },
    // 实例初始化之后，数据观测和事件绑定之前
    beforeCreate () {
      console.log('before create')
    },
    // 实例初始化完成，挂载尚未开始时
    created () {
      console.log('created')
    },
    // 挂载之前，render函数首次被调用时
    beforeMount () {
      console.log('before mount')
    },
    // 在实例挂载到DOM节点上之后
    mounted () {
      console.log('mounted')
    },
    // 数据更新时，在虚拟DOM状态变化之前
    beforeUpdate () {
      console.log('before update')
    },
    // 虚拟DOM被重新渲染之后
    updated () {
      console.log('updated')
    },
    // 实例销毁之前，此时实例依然可用
    beforeDestroy () {
      console.log('before destroy')
    },
    // 实例销毁后，此时Vue实例及其子实例将完全解绑
    destroyed () {
      console.log('destroyed')
    }
  })
</script>
```

刚打开页面，即 Vue 实例刚被创建并挂载到 DOM 上时，调用的钩子函数如图 2.7 所示。

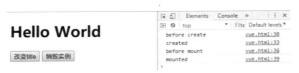

图 2.7　创建和挂载时

当实例数据发生变化并触发视图更新时，调用的钩子函数如图 2.8 所示。

图 2.8　数据更新时

当实例被销毁时，调用的钩子函数如图 2.9 所示。

图 2.9　实例被销毁时

之后，多次点击"改变 title"按钮，视图不再响应数据变化，如图 2.10 所示，因为此时节点上绑定的 Vue 实例已被销毁。

图 2.10　实例被销毁时

笔者参照官方译制了一份包含核心概念的生命周期图，如图 2.11 所示。现阶段，同学们只需要对此稍微了解即可，并不需要深入研究，这些并不影响你成为一名优秀的 Vue 开发者。本节的意图也只在于描述这样一个周期流程及于何时何处去使用这些钩子函数，对实现机制感兴趣的同学可以深入框架源码研究并欢迎随时通过邮件与笔者交流。

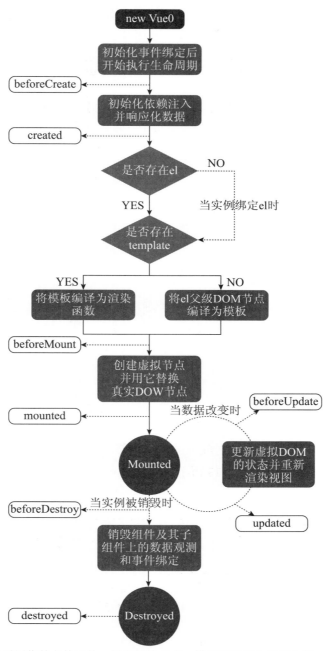

*如果受用像单文件组件一样的构建方式，模板编译将会提前执行。

图 2.11 生命周期图

随着实战经验的不断累积，这张图或将对学习和开发产生更高的参考价值。

2.3　数据响应式原理

Vue 中最重要的概念就是响应式数据，一方面指衍生数据和元数据之间的响应，通过数据链来实现；另一方面则是指视图与数据之间的绑定。

本节将深入讲解这两方面的内容。

2.3.1　初识数据链

数据链在学术上被定义为连通数据的链路。在这条链路上有一到多个数据起点（元数据），并通过该点不断衍生拓展新的节点（衍生数据），形成一个庞大的网状结构。当你修改数据起点时，所有存在在网上的节点值都将同步更新，如图 2.12 所示。

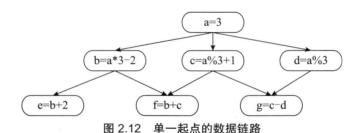

图 2.12　单一起点的数据链路

图 2.12 是只有一个起点的数据链，结构比较简单，当链路存在的数据起点越来越多时，结构会变得越来越复杂，如图 2.13 所示。

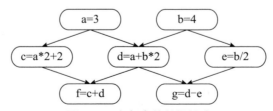

图 2.13　多起点的数据链路

得益于数据链，在 Vue 中我们可以通过修改元数据的值来触发一系列数据的更新。当然，我们在做数据结构的设计时，应该尽量降低数据链的复杂度。毕竟，代码是给机器读的，但也是给人看的。

2.3.2 函数式编程

在上一小节中，元数据 a 和 b 通过变量声明即可实现：

```
let a = 3, b = 4
```

但是衍生数据应该怎样实现从而保证其值只依赖于元数据而不允许被外界修改呢？这里先介绍一下函数式编程的概念。

函数式编程（Functional Programming）是一种结构化编程方式，力求将运算过程写成一系列嵌套的函数调用。

源于 JS 中"万物皆对象"的理念，函数式编程认定函数是第一等公民，可以赋值给其他变量、用作另一个函数的参数或者作为函数返回值来使用。

由于其作用是处理运算，因此函数体只能包含运算过程，而且必带返回值（在实际开发中，不做 I/O 读写操作是不可能的，不过要把 I/O 限制到最小），标准格式如下：

```
let double = function (num) {
  return num * 2
}
```

函数式编程的核心是根据元数据生成新的衍生数据，提供唯一确定的输入，函数将返回唯一确定的输出，它并不会修改原有变量的值。这在运用 JS 闭包概念进行开发时尤为重要，在函数作用域内调用域外或全局的变量时并不会修改它们的值，安全无污染。

最后一点，使用函数式编程（加 lambda 表达式之后）可以使代码看起来十分高大上，如以下代码所示：

```
let x = (x => (x => x * 9)(x) + 3)(5)
let y = y => (y => y * 9)(y) + 3
console.log(x)
console.log(y(5))
```

这样的编程方式可使代码变得极其简洁，但也极其难读。上面只是一个基本示例，实际开发中能演化出无限复杂的结构，感兴趣的同学可以推算一下示例的结果并运行验证一下。

通过函数式编程，衍生数据也得以实现。实际上，函数式编程就是建立了一条数据流通的链路，开发者只需要关注输入和输出两端的内容就可以，这是封装复用的一种最佳实践，在高效开发中举足轻重。

2.3.3　Vue中的数据链

Vue 实例提供了 computed 计算属性选项，以供开发者生成衍生数据对象。虽然计算属性以函数形式声明，却并不接受参数，也只能以属性的方式调用。由于计算属性的 this 指向 Vue 实例，所以它可以获取实例上所有已挂载的可见属性。下面来看一个示例：

```html
<style>
  #app {
    font-family: Roboto, sans-serif;
    color: #363e4f;
  }
  .data-label {
    display: inline-block;
    width: 160px;
  }
</style>
<div id="app">
  <p><strong class="data-label">A</strong><input type="text" v-model="a"></p>
  <p><strong class="data-label">B</strong><input type="text" v-model="b"></p>
  <p><strong class="data-label">C=A*2+2</strong>{{ c }}</p>
  <p><strong class="data-label">D=A+B*2</strong>{{ d }}</p>
  <p><strong class="data-label">E=B/2</strong>{{ e }}</p>
  <p><strong class="data-label">F=C+D</strong>{{ f }}</p>
  <p><strong class="data-label">G=D-E</strong>{{ g }}</p>
</div>
<script src="https://cdn.jsdelivr.net/npm/vue@2.5.16/dist/vue.min.js"></script>
<script type="text/javascript">
  let vm = new Vue({
    el: '#app',
    data () {
      return {
        a: 3,
        b: 4
      }
    },
    computed: {   // 计算属性
      c () {
        return this.a * 2 + 2
      },
      d () {
        return Number(this.a) + this.b * 2
      },
      e () {
        return this.b / 2
      },
```

```
    f () {
      return Number(this.c) + Number(this.d)
    },
    g () {
      return this.d - this.e
    }
  }
 })
</script>
```

初始结果如图 2.14 所示。

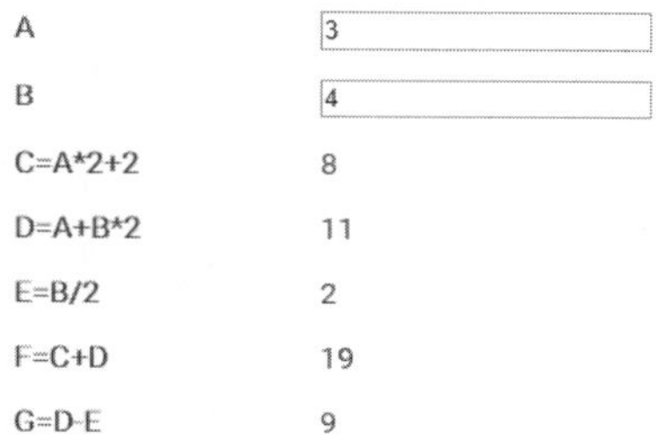

A	3
B	4
C=A*2+2	8
D=A+B*2	11
E=B/2	2
F=C+D	19
G=D-E	9

图 2.14　A 和 B 为初始值时

当修改元数据 A 和 B 时，运行结果如图 2.15 所示。

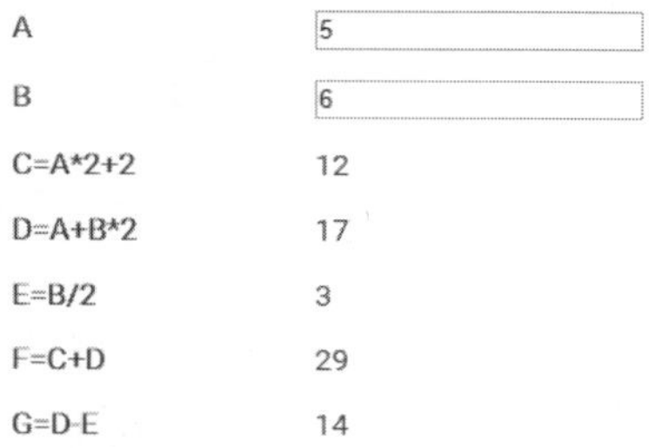

A	5
B	6
C=A*2+2	12
D=A+B*2	17
E=B/2	3
F=C+D	29
G=D-E	14

图 2.15　修改 A 和 B 的值之后

当然，开发者也可以以函数的形式创建数据链以实现数据之间的响应，如下代码：

```
methods: {
  getC (suf) {
    return this.a * 2 + (suf || 2)
  }
}
```

2.3.4　数据绑定视图

这是一个含有字符串类型属性 profile 的对象：

```
let obj = {
  profile: ''
}
```

不过，身为对象属性的 profile 仅仅只是个字符串吗？笔者在控制台中使用 Object API 中的 getOwnPropertyDescriptor 方法将其"内在"打印出来，如图 2.16 所示。

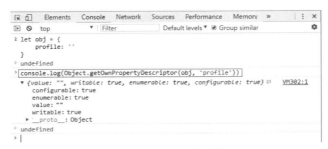

图 2.16　深入对象属性

原来，对象属性内藏乾坤，我们甚至可以使用 Object API 的 defineProperty 方法对其配置，属性配置项（描述符）如表 2.1 所示。

表 2.1　对象属性配置表

名　称	默 认 值	说　明
configurable	false	标识属性配置是否可更改和该属性能否从对象中删除
enumerable	false	标识属性是否可被枚举
writable	false	标识属性是否可通过赋值运算符修改，不与 set 共存
value	undefined	属性值，可为任意 JS 数据类型，不与 set 共存
set	undefined	函数类型，属性被赋值时调用
get	undefined	函数类型，返回值将作为属性值

在这里可以停顿一下，想一想，对象属性被赋值时调用的 set 有何妙用呢？

下面来看一段有关 defineProperty 的代码：

```
<span id="harry" style="line-height: 32px;"> </span><br>
<input id="trigger" type="text">
<script type="text/javascript">
  let harry = document.getElementById('harry')
```

```
    let trigger = document.getElementById('trigger')
    let key = 'profile'    // 对象属性键名
    let store = {}         // 辅助get取值
    let obj = {            // 对象
      profile: ''
    }
    Object.defineProperty(obj, key, {
      set (value) {
        harry.innerText = value  // 重点：修改DOM节点视图
        store[key] = value
      },
      get () {
        return store[key]
      }
    })
    trigger.addEventListener('keyup', function () {
      obj[key] = this.value
      console.log(obj[key])
    })
</script>
```

上述代码中，笔者在对象属性的 setter 函数中修改文本节点的值，所以当 obj.profile 被重新赋值时，节点视图也会同步更新；然后对输入框添加事件监听（addEventListener），当用户事件触发时，输入值将被赋于 obj.profile。以此方式，我们实现了数据与视图之间的"双向绑定"，这也是 Vue 数据与视图绑定的实现原理。

代码运行结果如图 2.17 所示。

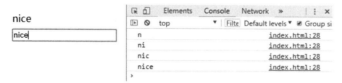

图 2.17 数据与视图绑定

在 Vue 中，当我们把普通的 JavaScript 对象传给 Vue 实例的 data 选项时，Vue 将遍历对象属性，并使用 Object.defineProperty 将其全部转化为 getter/setter，并在组件渲染时将属性记录为依赖。之后当依赖项的 setter 函数被调用时，会通知 watcher 重新计算并更新其关联的所有组件。

由于 Object.defineProperty 是 ES5 中一个无法 shim（自定义拓展）的特性，所以 Vue 应用无法运行在不支持 Object.defineProperty 的 IE8 及其以下版本浏览器上。

第 3 章　Vue 语法

本章重点讲述 Vue 框架的基本语法，并通过一些基本示例的演示以使同学们产生更形象的认识。对有过类似 MVVM 框架使用经验的同学来说，本章内容应该较为简单，而初次尝试此类框架的同学，也不必担心，只需跟着示例动手操作，相信也可以快速上手。

3.1　插值绑定

插值绑定是 Vue 中最常见、最基本的语法，绑定的内容主要有文本插值和 HTML 插值两种。

3.1.1　文本插值

文本插值的方式十分简单，只要用双大括号（Mustache 语法）将要绑定的变量、值、表达式括住就可以实现，Vue 将会获取计算后的值，并以文本的形式将其展示出来。

下面一段代码演示了文本插值的基本用法：

```
<style>
  .profile {
    display: inline-block;
    width: 300px;
  }
</style>
<div id="app" style="margin-left: 300px;">
  <h2>文本插值</h2>
  <p><label class="profile">变量:</label> {{ num }}</p>
  <p><label class="profile">表达式:</label> {{ 5 + 10 }}</p>
  <p><label class="profile">三目运算符:</label> {{ true ? 15 : 10  }}</p>
  <p><label class="profile">函数:</label> {{ getNum() }}</p>
  <p><label class="profile">匿名函数:</label> {{ (() => 5 + 10)() }}</p>
  <p><label class="profile">对象:</label> {{ {num: 15} }}</p>
  <p><label class="profile">函数对象:</label> {{ getNum }}</p>
  <p><label class="profile">html代码 ( 表达式 ):</label> {{ '<span>15</span>' }}</p>
  <p><label class="profile">html代码 ( 变量 ):</label> {{ html }}</p>
</div>
<script src="https://cdn.jsdelivr.net/npm/vue@2.5.16/dist/vue.min.js"></script>
<script type="text/javascript">
  let vm = new Vue({
```

```
      el: '#app',
      data () {
        return {
          num: 15,
          html: '<span>15</span>'
        }
      },
      methods: {
        getNum () {
          return this.num
        }
      }
    })
</script>
```

运行结果如图 3.1 所示。

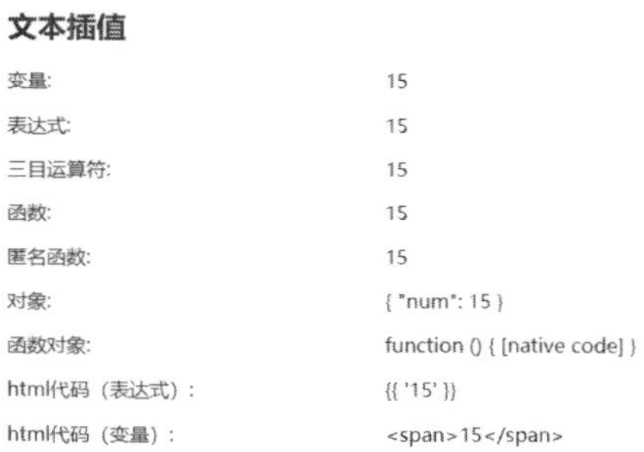

文本插值

变量：	15
表达式：	15
三目运算符：	15
函数：	15
匿名函数：	15
对象：	{ "num": 15 }
函数对象：	function () { [native code] }
html代码（表达式）：	{{ '15' }}
html代码（变量）：	15

图 3.1　文本插值的基本用法

关于图 3.1 中"html 代码（表达式）"和"html 代码（变量）"的差异，这里要稍作解释。虽然两者绑定的内容是一样的，但是对于前者来说，Vue 优先解释了 DOM 节点 span，并隔离了"{{"和"}}"，所以插值语法并没有生效，"{{"和"}}"还被当作了 p 节点的文本内容。

可以看到，无论是变量、表达式、执行函数还是 DOM 代码，Vue 都只将结果当作文本处理。另外，如果插值绑定的内容是变量或与变量有关，当变量的值改变时，视图也会同步更新。

3.1.2　HTML插值

HTML 插值可以动态渲染 DOM 节点，常用于处理开发者无可预知和难以控制的 DOM 结构，如渲染用户随意书写的文档结构等，这在一些论坛和博客平台上可以看到，下面来看一段相关代码：

```
<style>
  .align-center {
    text-align: center;
  }
</style>
<div id="app" style="width: 800px;margin: 0 auto;">
  <div>{{ blog }}</div>
  <hr>
  <div v-html="blog"></div>
</div>
<script src="https://cdn.jsdelivr.net/npm/vue@2.5.16/dist/vue.min.
js"></script>
<script type="text/javascript">
  let vm = new Vue({
    el: '#app',
    data () {
      return {
        blog: `<h2 class="align-center">一对"兄弟"</h2>
          <div class="align-center">
            <img src="http://img.hb.aicdn.com/76c310ae6a6c6166343a23
821078d379367f003e2088d-xWozMi_fw658">
          </div>
          <p>你看他们多像一对兄弟啊，虽然是一只呆呆兔和一只傻傻猫蹲在了一起，但谁又能
说他们不是兄弟呢？</p>
      }
    }
  })
</script>
```

运行结果如图 3.2 所示。

图 3.2 文本插值与 HTML 插值的对比

从图 3.2 中可以看到，文本插值中的代码被解释为节点的文本内容，而 HTML 插值中的代码则被渲染为视图节点。

实际上，HTML 插值是对文本插值的补充和拓展，Vue 可以解析被绑定的内容为 DOM 节点，从而实现动态渲染视图的效果。不过 Vue 本身就支持模板，开发者在使用 HTML 插值时应秉承以下原则：

- 尽量多地使用 Vue 自身的模板机制，减少对 HTML 插值的使用；
- 只对可信内容使用 HTML 插值；
- 绝不相信用户输入的数据。

3.2 属 性 绑 定

除了文本之外，DOM 节点还有其他一些重要的属性，那么 Vue 是如何绑定这些属性的呢？

3.2.1 指令v-bind

DOM 节点的属性基本都可以用指令 v-bind 进行绑定，代码如下：

```
<style>
  .italic { font-style: italic; }
</style>
<div id="app" style="margin-left: 300px;">
  <p v-bind:class="className" v-bind:title="title">危险勿触</p>
  <button v-bind:disabled="10 + 10 === 20">点击有奖</button>
  <input v-bind:type="'text'" v-bind::placeholder="true ? '请输入' : '
请录入'">
</div>
<script src="https://cdn.jsdelivr.net/npm/vue@2.5.16/dist/vue.min.
js"></script>
<script type="text/javascript">
  let vm = new Vue({
    el: '#app',
    data () {
      return {
        className: 'italic',
        title: '危险勿触'
      }
    }
  })
```

```
</script>
```

v-bind 也可以省略不写，代码如下：

```
<p :class="className" :title="title">危险勿触</p>
<button :disabled="10 + 10 === 20">点击有奖</button>
<input :type="'text'" :placeholder="true ? '请输入' : '请录入'">
```

运行结果如图 3.3 所示。

图 3.3　属性绑定之 v-bind

属性也可以绑定变量、表达式、执行函数等内容，不过最终的结果都应该满足属性自身的约束。

3.2.2　类名和样式绑定

由于类名 class 和样式 style 在节点属性中是两个比较奇怪的存在（虽然他们可接收的类型都是字符串，但类名实际上是由数组拼接而成，而样式则是由对象键值对拼接而成的），所以 Vue 在绑定类名和样式时也采用不一样的机制。

我们可以通过字符串、数组和对象三种方式为节点动态绑定类名属性，代码如下：

```
<style>
  .color-gray { color: gray; }
  .size-18 { font-size: 18px; }
  .style-italic { font-style: italic; }
</style>
<div id="app">
  <p class="color-gray size-18 style-italic">《Vue2.0 从入门到实战》，用
心良苦，伴你成长</p>
  <p :class="classStr">《Vue2.0 从入门到实战》，用心良苦，伴你成长</p>
  <p :class="classArr">《Vue2.0 从入门到实战》，用心良苦，伴你成长</p>
  <p :class="classObj1">《Vue2.0 从入门到实战》，用心良苦，伴你成长</p>
  <p :class="classObj2">《Vue2.0 从入门到实战》，用心良苦，伴你成长</p>
</div>
<script src="https://cdn.jsdelivr.net/npm/vue@2.5.16/dist/vue.min.
js"></script>
<script type="text/javascript">
  let vm = new Vue({
    el: '#app',
    data () {
```

```
      return {
        classStr: 'color-gray size-18 style-italic',   // 拼接字符串
        classArr: ['color-gray', 'size-18', 'style-italic'],  // 数组
        classObj1: {  // 对象，绑定类名
          'color-gray': true,
          'size-18': true,
          'style-italic': true
        },
        classObj2: {  // 对象，未绑定类名
          'color-gray': 0,
          'size-18': '',
          'style-italic': false
        }
      }
    }
  })
</script>
```

在使用对象绑定类名时，应将类名作为对象键名，当键值被判定为真时，类名将被绑定到节点上。

这里稍作拓展，谈一谈 JS 中关于真和假的知识点。当变量值为 undefined、null、值为 0 的数字、空字符串时，也会被判定为假；除一般值外，[]、{}、-1、-0.1 也会被判定为真。示例代码运行结果如图 3.4 所示。

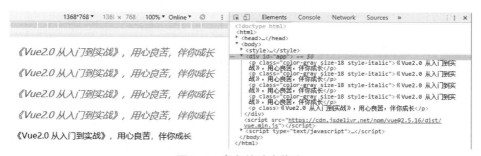

图 3.4　类名的动态绑定

从图 3.4 中可以看到，三种方式绑定类名的效果是一致的，但由于 classObj2 中的键值全部被判定为假，所以类名并未被绑定到对应节点上。

绑定样式的方式与类名相似，不过样式是以键值对的形式，所以不能像类名一样使用数组进行绑定，示例代码如下：

```
<div id="app">
  <p style="color: gray;font-size: 18px;font-style: italic;">《Vue2.0
```

从入门到实战》，用心良苦，伴你成长</p>
```
    <p :style="styleStr">《Vue2.0 从入门到实战》，用心良苦，伴你成长</p>
    <p :style="styleObj1">《Vue2.0 从入门到实战》，用心良苦，伴你成长</p>
    <p :style="styleObj2">《Vue2.0 从入门到实战》，用心良苦，伴你成长</p>
</div>
<script src="https://cdn.jsdelivr.net/npm/vue@2.5.16/dist/vue.min.
js"></script>
<script type="text/javascript">
  let vm = new Vue({
    el: '#app',
    data () {
      return {
        styleStr: 'color: gray;font-size: 18px;font-style: italic;',  // 拼
接字符串
        styleObj1: {   // 对象，绑定样式
          'color': -1 ? 'gray' : 'black',
          'font-size': '18px',
          'font-style': 'italic'
        },
        styleObj2: {   // 对象，未绑定样式
          'color': 0 ? 'gray' : '',
          'font-size': '' ? '18px' : '',
          'font-style': null ? 'italic' : ''
        }
      }
    }
  })
</script>
```

运行结果如图 3.5 所示。

图 3.5　样式的动态绑定

　　类名绑定和样式绑定，实质上都是由 JS 来决定采用哪种样式表渲染视图。在实际开发中，它的应用场景十分广泛，比如需要针对不同的数据类型采用不同的渲染策略时（如

数值小于 0 时，字体颜色使用红色）、视图状态可发生有限种类切换时（如下拉菜单展开时，控制按钮箭头向上；收缩时，旋转按钮 180°使箭头向下）或者辅助 CSS 媒体查询进行响应式布局时（如卡片，在 PC 和 Pad 端占据 20% ～ 33% 的宽度，在手机端占据 100% 的宽度）等。

3.3　事件绑定

事件系统是前端开发中非常重要的内容，Vue 也对其进行了封装和拓展，使之变得更加简单易用。

3.3.1　指令v-on

Vue 使用 v-on 指令监听 DOM 事件，开发者可以将事件代码通过 v-on 指令绑定到 DOM 节点上，基本使用方法如下：

```
<div id="app">
  <button v-on:click="logInfo()">打印消息(default: Hello World)</button>
  <br>
  <button v-on:click="logInfo('Self Message')">打印消息(Self Message)</
button>
  <br>
  <button v-on:click="console.log('A Vue App')">打印消息(A Vue App)</
button>
</div>
<script src="https://cdn.jsdelivr.net/npm/vue@2.5.16/dist/vue.min.
js"></script>
<script type="text/javascript">
  let vm = new Vue({
    el: '#app',
    methods: {
      logInfo (msg) {
        console.log(msg || 'Hello World')
      }
    }
  })
</script>
```

Vue 也为 v-on 提供了一种简写形式 @，代码如下：

```
<button @click="logInfo()">打印消息(default: Hello World)</button>
```

运行结果如图 3.6 所示。

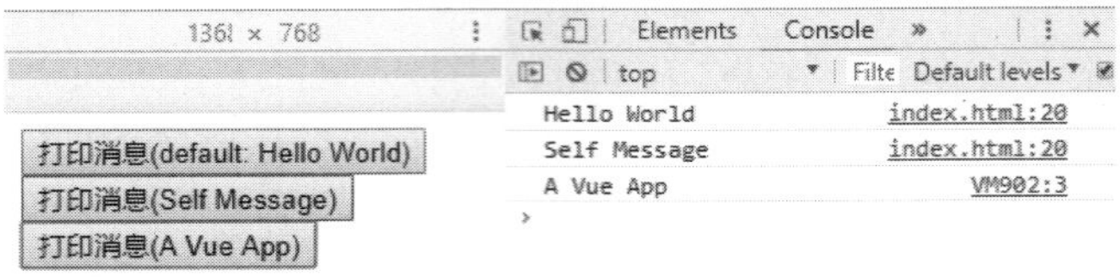

图 3.6　事件绑定之 v-on

有时候，我们在处理事件时也会用到事件对象本身，那么应该怎样获取事件对象呢？这里，笔者介绍两种方式，代码如下：

```
<div id="app">
  <!-- 1. 在事件函数不必传参时，可以这样写，注意：不能带() -->
  <input type="text" @keyup="handleKeyUp">
  <br>
  <!-- 2. 手动传入$event对象 -->
  <input type="text" @keyup="handleKeyUp($event)">
</div>
<script src="https://cdn.jsdelivr.net/npm/vue@2.5.16/dist/vue.min.
js"></script>
<script type="text/javascript">
  let vm = new Vue({
    el: '#app',
    methods: {
      handleKeyUp (event) {
        console.log(event.key, event)
      }
    }
  })
</script>
```

运行结果如图 3.7 所示（两种方式都成功打印出了事件对象）。

也许有的读者会有疑问，如果事件绑定只是 onclick 和 @click 写法上的不同，那么 Vue 封装它的意义又何在呢？

实际上，写法的不同只是为了避免混淆和冲突，事件绑定的主要作用在于降低学习和开发的成本，笔者总结了以下两点：

- 解决了不同浏览器之间的兼容问题；
- 提供了语法糖——事件绑定修饰符。

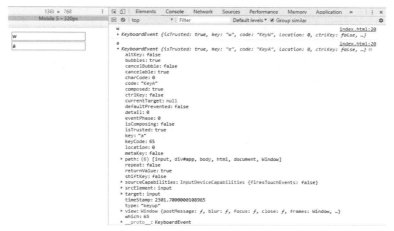

图 3.7　获取 event 对象

3.3.2　常见修饰符

有过 JS 事件代码开发经验的同学一定对 event.preventDefault（）（阻止节点默认行为）和 event.stopPropagation（）（阻止事件冒泡）不陌生吧，这是处理 DOM 事件时很常见的方法，Vue 将其封装成简短易用的事件修饰符，可以后缀于事件名称之后。

常见的事件修饰符如表 3.1 所示。

表 3.1　常见的事件修饰符

名　称	可用版本	可用事件	说　明
.stop	所有	任意	当事件触发时，阻止事件冒泡
.prevent	所有	任意	当事件触发时，阻止元素默认行为
.capture	所有	任意	当事件触发时，阻止事件捕获
.self	所有	任意	限制事件仅作用于节点自身
.once	2.1.4 以上	任意	事件被触发一次后即解除监听
.passive	2.3.0 以上	滚动	移动端，限制事件永不调用 preventDefault（）方法

下面，笔者将演示 .prevent 修饰符在表单提交时的表现，先来看不使用修饰符时的情况，代码如下：

```
<div id="app">
  <form @submit="handleSubmit">
```

```
    <h2>不使用修饰符时</h2>
    <button type="submit">提交</button>
  </form>
</div>
<script src="https://cdn.jsdelivr.net/npm/vue@2.5.16/dist/vue.min.
js"></script>
<script type="text/javascript">
  let vm = new Vue({
    el: '#app',
    data () {
      return {
        counter: 0
      }
    },
    methods: {
      handleSubmit () {
        console.log(`submit ${++this.counter} times`)
      }
    }
  })
</script>
```

　　笔者多次点击 "提交" 按钮，控制台均是一闪而过打印信息，之后呈现空白，如图 3.8 所示。

图 3.8　不使用修饰符时

　　这是因为当未指定 form 表单的 action 时，表单会被提交到当前的 URL，对应的表现就是页面被重新加载。

　　之后，笔者为事件添加 .prevent 修饰符，代码如下：

```
<form @submit.prevent="handleSubmit">
  <h2>使用.prevent修饰符时</h2>
  <button type="submit">提交</button>
</form>
```

　　运行结果如图 3.9 所示（点击提交后，页面没有被重载）。

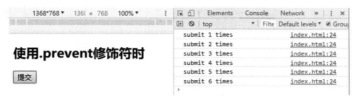

图 3.9　使用 .prevent 修饰符时

当事件后缀多个修饰符时，要注意修饰符的排列顺序，相应的代码会根据排列顺序依次产生。比如，在使用 @click.prevent.self 时，Vue 先执行了 event.preventDefault（），因此会阻止元素上的所有点击事件；而在使用 @click.self.prevent 时，由于先为事件配置了 self 选项，所以只会阻止对元素自身的点击。

3.3.3　按键修饰符

对于键盘事件，Vue 允许将按键键值作为修饰符来使用，如监听回车键（键值 13）是否被按下，可以这么写：

```
<input type="text" @keyup.13="console.log($event)">
```

此外，Vue 还为一些常用按键配置了别名，如表 3.2 所示。

表 3.2　常用按键修饰符别名

别名修饰符	键值修饰符	对 应 按 键
.delete	.8/.46	回格 / 删除
.tab	.9	制表
.enter	.13	回车
.esc	.27	退出
.space	.32	空格
.left	.37	左
.up	.38	上
.right	.39	右
.down	.40	下

使用按键别名，我们无须记住按键的键值即可实现对特定按键的监听事件，如监听回车键还可以这么写：

```
<input type="text" @keyup.enter="console.log($event)">
```

当回车键被按下时，控制台打印的信息如图 3.10 所示。

图 3.10　回车键事件对象

实际上，大部分按键都可以使用别名，别名为上图中事件对象的属性 key 值（不区分大小写）。

除了键盘按键之外，Vue 也为鼠标按键配置了修饰符，修饰符如表 3.3 所示。

表 3.3　鼠标按键修饰符

修 饰 符	可 用 版 本	对 应 按 键
.left	2.2.0 以上	左键
.right	2.2.0 以上	右键
.middle	2.2.0 以上	中键

这里，笔者不再多作笔墨，感兴趣的同学可以亲自实践一下。

3.3.4　组合修饰符

有时候，我们需要按住多键或者鼠标与键盘共用以实现某些操作（如在网页上实现像 QQ 聊天中按住 Ctrl + Enter 发送消息的功能、实现按住 ctrl 后使用鼠标左键点选多个文件的功能等），Vue 为此提供了组合修饰符的机制，不过其必须配合系统按键修饰符方可生效，修饰符如表 3.4 所示。

表 3.4　系统按钮修饰符

修 饰 符	可 用 版 本	对 应 按 键
.ctrl	2.1.0 以上	Ctrl 键
.alt	2.1.0 以上	Alt 键
.shift	2.1.0 以上	Shift 键
.meta	2.1.0 以上	meta 键（Windows 系统键盘上为田键）

下面来看一段示例代码：

```html
<div id="app">
  <h1 @click.ctrl="logWithCtrl" @click="logSingle">没有ctrl别来点我</h1>
</div>
<script src="https://cdn.jsdelivr.net/npm/vue@2.5.16/dist/vue.min.
js"></script>
<script type="text/javascript">
  let vm = new Vue({
    el: '#app',
    methods: {
      logSingle (event) {
        if (!event.ctrlKey) {
          console.log('------------- 分割线 -------------')
          console.log('$event.ctrlKey:', event.ctrlKey)
          console.log('点我干啥，单身汪！')
        } else {
          console.log('不错，进步很快呀！')
        }
      },
      logWithCtrl (event) {
        console.log('------------- 分割线 -------------')
        console.log('$event.ctrlKey:', event.ctrlKey)
        console.log('按住，是的，按住Ctrl！')
      }
    }
  })
</script>
```

运行结果如图 3.11 所示。

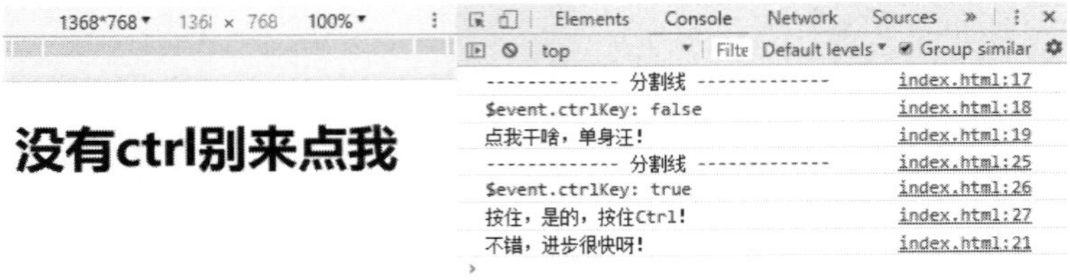

图 3.11　使用组合修饰符

笔者先用鼠标点击节点，此时事件对象的 ctrlKey 值为 false，控制台只打印了鼠标点击事件的信息；然后按住 Ctrl 键再次点击节点，此时事件对象的 ctrlKey 值为 true，控制台先打印了鼠标点击事件的信息，之后打印了组合事件的信息。

通过上述示例，我们也可以窥得使用 JS 实现组合按键监听的些许门径。当 Ctrl 键被按下时，事件对象的 ctrlKey 值被设为 true；当鼠标点击事件触发时，如果 ctrlKey 值为 true，则执行组合事件代码。

通过事件修饰符，Vue 有效减少了用户原生代码的书写量。在日常开发中，我们应该合理地使用这些良好的模式。

3.4　双 向 绑 定

在之前的章节中，笔者简单介绍了使用 Object.defineProperty 实现数据绑定视图的基本原理。不过，在 Vue 中又该如何实现"开箱即用"这种机制呢？

3.4.1　指令v-model

v-model 和 v-show 是 Vue 核心功能中内置的、开发者不可自定义的指令（言外之意就是其他指令都可被开发者自定义，这部分内容将会在之后的章节中讲到）。

我们可以使用 v-model 为可输入元素（input & textarea）创建双向数据绑定，它会根据元素类型自动选取正确的方法来更新元素。

笔者先演示单行文本框、多行文本框、单选框和复选框的绑定方法，代码如下：

```
<div id="app">
  <h3>单行文本框</h3>
  <input type="text" v-model="singleText" style="width: 240px;">
  <p>{{ singleText }}</p>
  <h3>多行文本框</h3>
```

```
<textarea v-model="multiText" style="width: 240px;"></textarea>
<pre>{{ multiText }}</pre>
<h3>单选框</h3>
<!--
    由于点击被选中的单选项无法取消其被选中状态，所以实战中一般没有使用单个单选项的
场景。
    这里，设置v-model共用同一个变量（radioValue）可实现RadioGroup的效果
-->
<input id="ra" type="radio" value="杨玉环" v-model="radioValue">
<label for="ra">A.杨玉环</label>
<input id="rb" type="radio" value="赵飞燕" v-model="radioValue">
<label for="rb">B.赵飞燕</label>
<p>{{ radioValue }}</p>
<h3>单个复选框</h3>
<!-- 单个复选框被用于true和false的切换 -->
<input id="c" type="checkbox" v-model="toggleValue">
<label for="c">天生丽质</label>
<p>{{ toggleValue }}</p>
<h3>多个复选框</h3>
<!-- 多个复选框，v-model接收数组类型变量 -->
<input id="ca" type="checkbox" value="漂亮" v-model="checkedValues">
<label for="ca">A.回眸一笑百媚生</label>
<input id="cb" type="checkbox" value="瘦弱" v-model="checkedValues">
<label for="cb">B.体轻能为掌上舞</label>
<input id="cc" type="checkbox" value="得宠" v-model="checkedValues">
<label for="cc">C.三千宠爱在一身</label>
<p>{{ checkedValues.join(',') }}</p>
</div>
<script src="https://cdn.jsdelivr.net/npm/vue@2.5.16/dist/vue.min.
js"></script>
<script type="text/javascript">
  let vm = new Vue({
    el: '#app',
    data () {
      return {
        singleText: '',
        multiText: '',
        radioValue: '',
        toggleValue: false,
        checkedValues: []
      }
    }
  })
</script>
```

运行结果如图 3.12 所示。

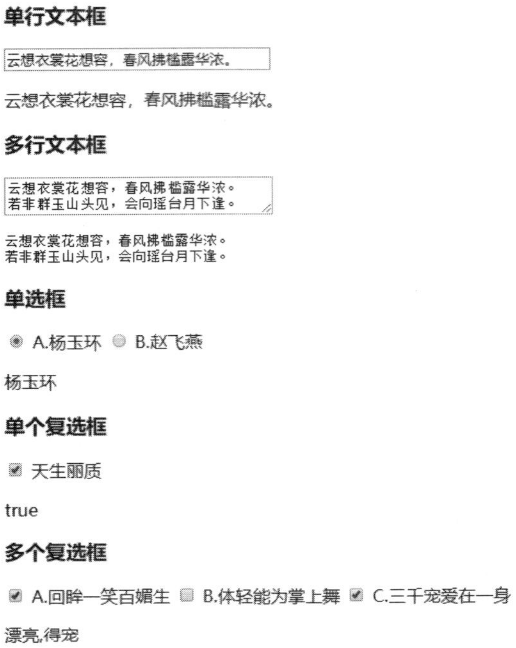

单行文本框

云想衣裳花想容，春风拂槛露华浓。

云想衣裳花想容，春风拂槛露华浓。

多行文本框

云想衣裳花想容，春风拂 槛露华浓。
若非群玉山头见，会向瑶台月下逢。

云想衣裳花想容，春风拂槛露华浓。
若非群玉山头见，会向瑶台月下逢。

单选框

⦿ A.杨玉环　○ B.赵飞燕

杨玉环

单个复选框

☑ 天生丽质

true

多个复选框

☑ A.回眸一笑百媚生　☐ B.体轻能为掌上舞　☑ C.三千宠爱在一身

漂亮,得宠

图 3.12　使用 v-model 实现双向数据绑定（1）

此外，下拉选择框也可以使用 v-model 进行双向数据绑定，代码如下：

```
<div id="app">
  <h3>单项下拉选择框</h3>
  <select v-model="singleSelect">
    <!-- 如果没有设置value，则option节点的文本值会被当作value值 -->
    <option value="汉代">汉代</option>
    <option>唐代</option>
  </select>
  <p>{{ singleSelect }}</p>
  <h3>多项下拉选择框</h3>
  <select multiple v-model="multiSelect">
    <!-- 按住ctrl键，可执行多选 -->
    <option value=1>出身寒微</option>
    <option value=2>饱受争议</option>
    <option :value="3">结局悲凉</option>   <!-- 想一想，为什么？ -->
  </select>
  <p>{{ multiSelect.join(',') }}</p>
</div>
<script src="https://cdn.jsdelivr.net/npm/vue@2.5.16/dist/vue.min.
js"></script>
<script type="text/javascript">
```

```
let vm = new Vue({
  el: '#app',
  data () {
    return {
      singleSelect: '唐代',  // 根据value设置默认选择项
      multiSelect: [1, 3]
    }
  }
})
</script>
```

运行结果如图 3.13 所示。

单项下拉选择框

唐代

多项下拉选择框

2,3

图 3.13　使用 v-model 实现双向数据绑定（2）

这里，笔者将 select 下拉选择框拎出来单独讲述，并不是因为它具有何种妙用，而是因为它的视图表现太差，而当下的规范尚不允许开发者自定义 option 的样式，所以在实战中一般都会使用其他元素来模拟下拉选择框，它存在的意义只是为我们定义组件时提供一个参照物。

3.4.2　v-model 与修饰符

在使用 v-model 时，我们还可以为其后缀一些修饰符以丰富用户输入时的行为，Vue 内置的修饰符如表 3.5 所示。

表 3.5　可用于 v-model 的修饰符

修 饰 符	可用版本	说　　明
.lazy	所有	将用户输入的数据赋值于变量的时机由输入时延迟到数据改变时
.number	所有	自动转换用户输入为数值类型
.trim	所有	自动过滤用户输入的首尾空白字符

下面来看一个简单示例，代码如下：

```
<div id="app">
  <input type="text" v-model.trim.number="text" @keyup="handleKeyUp">
</div>
<script src="https://cdn.jsdelivr.net/npm/vue@2.5.16/dist/vue.min.
js"></script>
<script type="text/javascript">
  let vm = new Vue({
    el: '#app',
    data: () => ({ text: '' }),
    methods: {
      handleKeyUp () {
        console.log(this.text, typeof this.text)
      }
    }
  })
</script>
```

笔者为 v-model 绑定了 trim 和 number 修饰符，并在输入时打印出输入值及其类型（输入值原始类型为 String），运行结果如图 3.14 所示。

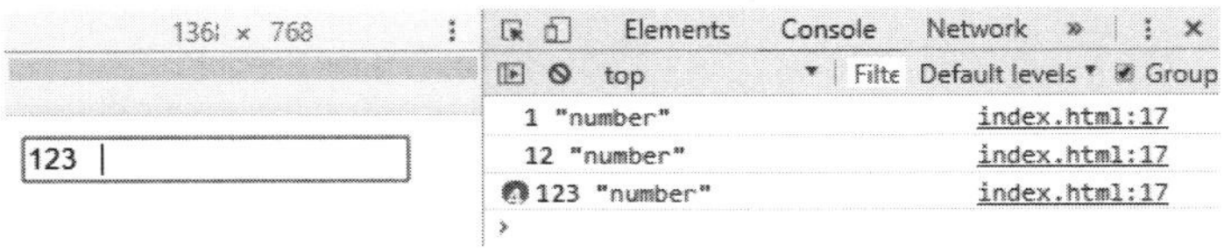

图 3.14　使用 v-model 的修饰符

虽然以其他方式也能实现一样的效果，但是作为一个优秀的框架，Vue 总是愿意提供给用户更多的选择。我们在开发时，也应该针对实际场景使用一些好的模式和方法以降低开发的复杂度。

3.4.3　v-model 与自定义组件

该部分属于进阶内容，如果你对组件开发尚不了解的话，可以暂时跳过这里，待看完组件相关知识后，再回过头来阅读这部分的内容。

不只原生的输入元素可以使用 v-model 进行双向数据绑定，Vue 甚至允许开发者将 v-model 用于自定义组件，示例代码如下：

```
<div id="app">
```

```html
    <!-- 自定义组件v-model -->
    <custom-screen v-model="text"></custom-screen>
    <br>
    <!-- 原生元素v-model -->
    <input type="text" v-model="text">
</div>
<script src="https://cdn.jsdelivr.net/npm/vue@2.5.16/dist/vue.min.
js"></script>
<script type="text/javascript">
  Vue.component('custom-screen', {
    // 使用value属性接收外部传入的值
    props: ['value'],
    methods: {
      handleReset () {
        console.log('重置为\'\'')
        this.$emit('input', '')  // 使用$emit发送input事件，并将目标值作为参数
传出
      }
    },
    template: `
      <div>
        <h2>输入值为: {{ value }}</h2>
        <button @click="handleReset">重置为空</button>
      </div>
    `
  })
  let vm = new Vue({
    el: '#app',
    data: () => ({ text: '' })
  })
</script>
```

示例代码的初始视图，如图 3.15 所示。

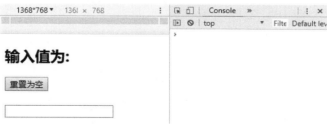

图 3.15　v-model 与自定义组件（1）

当笔者在输入框中输入内容时，视图如图 3.16 所示。

图 3.16　v-model 与自定义组件（2）

之后点击"重置为空"按钮时，视图如图 3.17 所示。

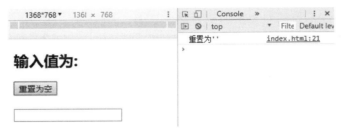

图 3.17　v-model 与自定义组件（3）

在自定义组件中，value 属性和 input 事件尤为重要，它们分别负责不同方向的数据传递。value 属性用于接收外部传入的值以更新组件内部的状态；input 事件由开发者决定在什么时候调用，并负责将组件内部的状态同步到外部。

3.5　条件渲染和列表渲染

程序中有三大结构：顺序结构、分支结构、循环机构。顺序结构不必多说，分支和循环结构则分别由条件判断语句和循环语句实现。同样地，Vue 也为视图渲染提供了条件判断和循环的机制，简称为条件渲染和列表渲染。

3.5.1　指令 v-if 和 v-show

v-if 的使用方法并不复杂，只需要为元素挂上 v-if 指令即可，与之配套的还有 v-else-if 和 v-else，不过它们只能与 v-if 配合使用。下面来看一个简单示例，代码如下：

```
<div id="app">
```

```
    <h2 v-if="order === 0">站在前排的 v-if</h2>
    <h2 v-else-if="order === 1">不上不下的 v-else-if</h2>
    <h2 v-else>负责垫后的 v-else</h2>
    <button @click="toggleTitle">切换标题</button>
</div>
<script src="https://cdn.jsdelivr.net/npm/vue@2.5.16/dist/vue.min.
js"></script>
<script type="text/javascript">
  let vm = new Vue({
    el: '#app',
    data () {
      return {
        order: 0
      }
    },
    methods: {
      toggleTitle () {
        this.order = ++this.order % 3
        console.log('order的值为: ', this.order)
      }
    }
  })
</script>
```

在这个示例中，笔者设置了多个 h2 元素，当 order 值被修改时，视图将渲染满足条件的元素，运行结果如图 3.18 所示。

图 3.18　v-if 的基本用法

v-show 也可以用于实现条件渲染，不过它只是简单地切换元素的 CSS 属性：display。当条件判定为假时，元素的 display 属性将被赋值为 none；反之，元素的 display 属性将被恢复为原有值。

相对于 v-if 来说，v-show 并不能算作真正的条件渲染，因为挂载它的多个元素之间并没有条件上下文关系，我们可以从下面的一段代码中体会一下：

```
<div id="app">
  <h2 v-show="visible">v-show, visible = true</h2>
```

```
    <h2 v-show="!visible">v-show, visible = false</h2>
    <h2 v-if="visible">v-if, visible = true</h2>
    <h2 v-else>v-if, visible = false</h2>
</div>
<script src="https://cdn.jsdelivr.net/npm/vue@2.5.16/dist/vue.min.
js"></script>
<script type="text/javascript">
    let vm = new Vue({
      el: '#app',
      data () {
        return {
          visible: false
        }
      }
    })
</script>
```

运行结果如图 3.19 所示。

图 3.19　v-show 和 v-if 的对比

从图 3.19 中可以看到，v-show 判定为假的元素的 display 属性被赋值为 none，不过仍保留在 DOM 中，而 v-if 判定为假的元素则根本没有在 DOM 中出现。

最后，笔者罗列了以下几个注意点。

● v-if 会在切换中将组件上的事件监听器和子组件销毁和重建。当组件被销毁时，它将无法被任何方式获取，因为它已不存在于 DOM 中。

● 在创建父组件时，如果子组件的 v-if 被判定为假，Vue 不会对子组件做任何事情，直到第一次判定为真时。这在使用 Vue 生命周期钩子函数时要尤为注意，如果生命周期已走过组件创建的阶段，却仍无法获取组件对象，想一想，是不是 v-if 在作怪。

● v-show 有更高的初始渲染开销，而 v-if 有更高的切换开销，这与它们的实现机制有关，在使用时要多加考虑具体的应用场景。

● v-show 不支持 template 元素，不过在 Vue 2.0 中，template 的应用并不广泛，了解即可。

3.5.2　指令v-for

v-for 用于实现列表渲染，可以使用 **item in items** 或者 **item of items** 的语法，代码如下：

```
<div id="app">
  <div style="float: left; width: 160px;">
    <h2>用户列表</h2>
    <ul>
      <!-- index作为第二个参数，用以标识下标 -->
      <li v-for="(item, index) in users">{{ index }}. {{ item.name
}}</li>
    </ul>
  </div>
  <div style="margin-left: 170px;overflow: hidden"> <!-- BFC -->
    <h2>用户列表</h2>
    <ul>
      <!-- uIndex作为第二个参数，用以标识下标 -->
      <li v-for="(user, uIndex) of users">{{ uIndex }}. {{ user.
name }}</li>
    </ul>
  </div>
</div>
<script src="https://cdn.jsdelivr.net/npm/vue@2.5.16/dist/vue.min.
js"></script>
<script type="text/javascript">
  let vm = new Vue({
    el: '#app',
    data () {
      return {
        users: [
          {
            name: 'Clark',
            age: 27,
            city: 'Chicago'
          },
          {
            name: 'Jackson',
            age: 28,
            city: 'Sydney'
          }
        ]
      }
    }
  })
</script>
```

示例运行结果如图 3.20 所示。

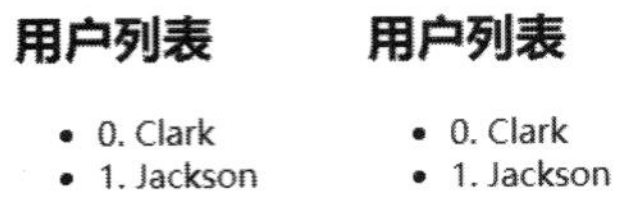

用户列表　　　　**用户列表**

- 0. Clark
- 1. Jackson

- 0. Clark
- 1. Jackson

图 3.20　v-for 的基本用法

除了渲染数组之外，v-for 还可以渲染一个对象的键值对，笔者对上述示例中的 HTML 代码稍作修改，得到的代码如下：

```
<div id="app">
  <h2>用户列表</h2>
  <ul>
    <!-- index作为第二个参数，用以标识下标 -->
    <li v-for="(user, index) in users">
      用户{{ index + 1 }}
      <ul>
        <!-- key作为第二个参数，用以标识键名 -->
        <li v-for="(value, key) of user">{{ key }}: {{ value }}</li>
      </ul>
    </li>
  </ul>
</div>
```

运行结果如图 3.21 所示。

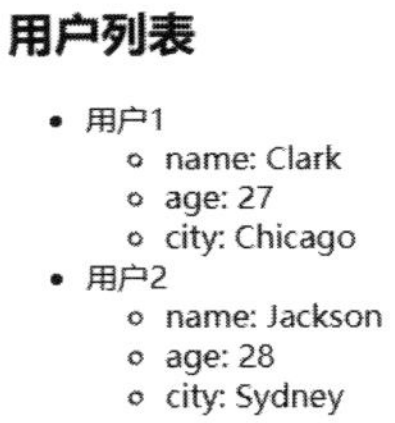

用户列表

- 用户1
  - name: Clark
  - age: 27
  - city: Chicago
- 用户2
  - name: Jackson
  - age: 28
  - city: Sydney

图 3.21　使用 v-for 渲染对象的键值对

Vue 会把数组当作被观察者加入响应式系统中，当调用一些方法修改数组时，对应的视图将会同步更新，笔者将这些方法罗列了出来，如表 3.6 所示。

表 3.6　与数据响应有关的数组方法

名　　称	说　　明
push	将一个或多个元素添加至数组末尾，并返回新数组的长度
pop	从数组中删除并返回最后一个元素
shift	从数组中删除并返回第一个元素

名　　称	说　　明
unshift	将一个或多个元素添加至数组开头，并返回新数组的长度
splice	从数组中删除元素或向数组添加元素
sort	对数组元素排序，默认按照 Unicode 编码排序，返回排序后的数组
reverse	将数组中的元素位置颠倒，返回颠倒后的数组

下面是一个用到了 push（）和 reverse（）方法的示例，代码如下：

```
<div id="app">
  <h2>用户列表</h2>
  <button @click="createUser">创建用户</button>
  <button @click="reverse">倒序数组</button>
  <ul>
    <!-- index作为第二个参数，用以标识下标 -->
    <li v-for="(user, index) in users">
      用户{{ index + 1 }}
      <ul>
        <!-- key作为第二个参数，用以标识键名 -->
        <li v-for="(value, key) of user">
          <strong style="display: inline-block;width: 60px;">{{ key }}:</strong>
          <span>{{ value }}</span>
        </li>
      </ul>
    </li>
  </ul>
</div>
<script src="https://cdn.jsdelivr.net/npm/vue@2.5.16/dist/vue.min.js"></script>
<script type="text/javascript">
  let vm = new Vue({
    el: '#app',
    data () {
      return {
        users: []
      }
    },
    methods: {
      random (factor, base) {  // 根据乘积因子和基数生成随机整数
        return Math.floor(Math.random() * (factor || 1)) + (base || 0)
      },
      createUser () {
        // 获取 name 大写首字母
        let fLetter = 'BJHK'[this.random(3.999)]
        // 随机截取 name 字符串
```

```
        let nameStr = 'abcdefghijklmnopqrstuvwxyz'
        let bLetters = nameStr.substr(this.random(19.999), this.random(3.999, 3))
        let user = {
          name: fLetter + bLetters,
          age: this.random(5.999, 25),
          city: ['Chicago', 'Sydney', 'ShenZhen', 'HangZhou'][this.random
(3.999)]
        }
        console.log('-------------- 创建用户 --------------\n', user)
        this.users.push(user)
      },
      reverse () {
        console.log('-------------- 倒序列表 --------------')
        console.log('Before:', this.users.map(user => user.name))
        this.users.reverse()
        console.log('After:', this.users.map(user => user.name))
      }
    }
  })
</script>
```

示例初始视图如图 3.22 所示。

图 3.22　v-for 渲染被观察的数组（1）

笔者连续点击"创建用户"按钮三次之后，视图如图 3.23 所示。

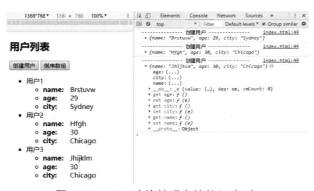

图 3.23　v-for 渲染被观察的数组（2）

笔者点击"倒序数组"按钮之后,视图如图 3.24 所示。

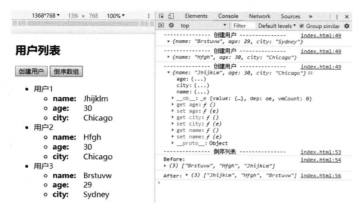

图 3.24　v-for 渲染被观察的数组(3)

要注意的是,直接使用下标 / 键名为数组 / 对象设置成员时,有以下用法:

```
arr[0] = 99  // 使用索引为数组设置成员
obj['key'] = 'value'  // 使用键名为对象设置成员
```

Vue 并不会将其加入数据响应式系统,因此当数据被修改时,视图不会进行更新。

3.5.3　列表渲染中的key

在使用 v-for 时,最好为每个迭代元素提供一个值不重复的 key。

当列表渲染被重新执行(数组内容发生改变)时,如果不使用 key,Vue 会为数组成员就近复用已存在的 DOM 节点,如图 3.25 所示。

图 3.25　不使用 key 时的列表渲染

当使用 key 时,Vue 会根据 key 的变化重新排列节点顺序,如图 3.26 所示,并将移除 key 不存在的节点。

使用key时，身份追踪

图 3.26　使用 key 时的列表渲染

　　实质上，key 的存在是为 DOM 节点标注了一个身份信息，让 Vue 能够有迹可循追踪到数据对应的节点。在实战开发中，是否使用 key 都不会影响功能的实现，不过在 Vue 2.2.0+ 的版本中，使用 v-for 时没有附加 key 的话，Vue 会给出一个警告。

第4章 Vue 选项

在之前的章节中，我们见过一些 Vue 实例的选项，通过这些选项，我们可以为实例绑定数据和事件以丰富其状态和功能。那么，Vue 有哪些选项可供使用呢？下面，笔者将介绍一些常见选项的用法。

4.1 数据和方法

数据和方法类型的选项是 Vue 实例选项中最重要的内容，用好这些足以支持开发者创建一个完整的 Vue 应用。

4.1.1 数据选项

数据（data）选项可接受的类型有对象和函数两种，不过在定义一个组件时只能使用函数类型，示例代码如下：

```
<div id="app">
  <h1>{{ title }}</h1>
  <button-counter></button-counter>
</div>
<script src="https://cdn.jsdelivr.net/npm/vue@2.5.16/dist/vue.min.
js"></script>
<script type="text/javascript">
  Vue.component('button-counter', { // 创建一个Vue组件
    data () {   // 必须使用函数类型
      return {
        counter: 1
      }
    },
    template: '<button @click="counter++">clicked {{ counter }} times</
button>'
  })
//  let vm = new Vue({
//     el: '#app',    // mount到DOM上
//     data: {  // 对象类型
//       title: 'A Vue App'
//     }
//  })
  let vm = new Vue({
    el: '#app',    // mount到DOM上
```

```
    data() {  // 函数类型
      return {
        title: 'A Vue App'
      }
    }
  })
</script>
```

在 Vue 中声明组件时，如果使用了对象类型的 data 选项，模板将找不到在 data 中被声明的数据。如果使用了支持 Vue 模板的语法检查器，开发者将得到错误提示——"data property in component must be a function"。

Vue 会递归地将 data 选项中的数据加入响应式系统，但这些数据应该是声明时即存在的。下面来看一段示例代码（单文件组件模板）：

```
<template>
  <div>
    <h2>{{ title }}</h2>
    <p>{{ profile }}</p>
  </div>
</template>

<script>
  export default {
    name: 'Instance',
    data () {
      return {
        title: 'A Vue App'
      }
    },
    created () {
      Object.assign(this.$data, {  // 为对象赋值属性，没有则添加属性，有则
覆盖原有属性值
        profile: 'This is a Vue App'
      })
      console.log(this.$data)
    }
  }
</script>
```

运行结果如图 4.1 所示。

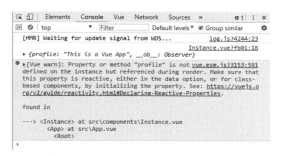

图 4.1　非声明时添加的数据

图 4.1 中的 title 是笔者在初始化实例时声明在 data 选项中的数据，而 profile 则是在 created 钩子函数中被赋予 data 选项的。可以看到，profile 被赋予 data 选项之后，视图没有发生任何变化，这是因为 Vue 在处理数据时，并未把 profile 加入数据响应式系统。又因为 profile 是在实例创建完成后（created）被绑定到组件上的，所以 Vue 给出了错误提示——"profile is not defined"。此时的 profile 只是一个普通的 JS 属性，而非被 Vue 观察的对象。

> 在实际开发时，应将可能在实例中被观察的对象预先在data选项中声明，以任何浏览器所支持的原生API都无法将数据动态加入响应式系统，不过Vue针对这一需求，也提供了相应的机制。

开发者可以使用 $set 方法为 data 选项动态绑定数据，但其也无法挂载响应式数据到 $data 根节点上。不过，既然这些数据（尽管你可能用不到）要绑定到 $data 根节点上，何不在初始化时声明呢？

$set 用法如下：

```
/**
 * target   目标对象    Object | Array
 * key      键名        String | Number
 * value    键值        任意类型
 */
// Vue.set(target, key, value)
created () {
  this.$set(target, key, value)
}
```

下面，笔者将分别演示使用原生方法 Object.assign 和 Vue.$set 为组件挂载响应式数据的示例。关于 Object.assign 的代码如下：

```
<template>
  <div>
    <h2>{{ title }}</h2>
```

```
    <p>{{ obj.profile }}</p>
    <button @click="toggle">toggle</button>
  </div>
</template>

<script>
  export default {
    name: 'Instance',
    data () {
      return {
        title: 'A Vue App',
        obj: {}  // $set 不能用于根节点data上
      }
    },
    created () {
      Object.assign(this.obj, {
        profile: 'This is a Vue App.'
      })
      console.log('created', this.obj)
    },
    mounted () {
      Object.assign(this.obj, {
        profile: 'This is a Vue Test App.'
      })
      console.log('mounted', this.obj)
    },
    methods: {
      toggle () {
        Object.assign(this.obj, {
          profile: 'This is a Vue App for test.'
        })
        console.log('toggle', this.obj)
      }
    }
  }
</script>
```

运行结果如图 4.2 所示。

相比于之前使用 Object.assign 的示例，这次的视图表现更显奇怪，Vue 不仅没有给出错误提示，还响应了在 created 钩子函数中所做的修改，为什么呢？笔者从生命周期的角度来分析一下。

- 在组件实例被创建(beforeCreate 和 created 之间)时，obj 对象作为 data 选项的属性，存在于实例中且拥有合法的地址。

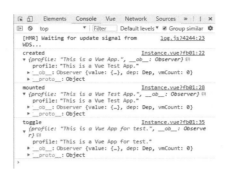

图 4.2　使用 Object.assign 绑定属性到对象中

- 在 created 钩子函数中，笔者将 profile 挂载到 obj 对象上，obj.profile 由 undefined 变为被赋予的值。由于 obj.profile 被赋值时，实例已经过了将数据加入响应式系统的阶段，所以 obj.profile 并未被观察。又因为实例尚未和 DOM 节点绑定（beforeMount），所以此时修改 profile 依然可以影响之后的视图表现（profile 的视图表现是在实例 created 时被赋予的）。

- 在 mounted 钩子函数和 click 事件中，由于实例已经绑定到 DOM 节点上且 profile 不存在于响应式系统中，所以此时修改 profile，视图没有发生变化。

笔者将示例代码稍作修改，在 created 中以 $set 的方式为对象绑定属性，代码如下：

```
created () {
  this.$set(this.obj, 'profile', 'This is a Vue App.')
  console.log('created', this.obj)
},
```

运行结果如图 4.3 所示。

图 4.3　使用 $set 绑定属性到对象中

此时的 profile 被加入 Vue 的响应式系统，当笔者点击按钮时，视图也发生了变化。

最后还要注意的一点是，慎重地将已有内存地址的对象用于 data 选项，无论以对象还是函数形式，比如以下用法：

```
<div id="app">
  <button-counter></button-counter>  // 调用两次组件
  <button-counter></button-counter>
</div>
<script src="https://cdn.jsdelivr.net/npm/vue@2.5.16/dist/vue.min.js"></script>
<script type="text/javascript">
  let jack = {
    counter: 0
  }
  Vue.component('button-counter', {
    data () {  // 函数类型
      return jack
    },
     template: '<button @click="counter++">click {{counter}} times</button>'
  })
  let vm = new Vue({
    el: '#app'  // mount到DOM上
  })
</script>
```

运行结果如图 4.4 所示。

图 4.4　错用已声明对象作为 data 值

由于 button-counter 组件在声明时，jack 对象被用作 data 选项的根节点，所有实例将共享 jack 对象占用的地址。因此，当修改一个实例的数据时，所有实例的数据都将同步更新。如图 4.4，笔者只点击了第一个按钮三次，而两个按钮的视图都发生了变化。我们应该怎么处理这个问题呢？

笔者建议在声明时，不要将已有内存地址的对象用于 data 选项，我们应该创建新对象，示例代码如下：

```
Vue.component('button-counter', {
  data () {  // 函数类型
    return {  // 创建一个新对象
```

```
      counter: 0
    }
  },
   template: '<button @click="counter++">click {{counter}} times</
button>'
})
```

或者使用 JSON.parse（JSON.stringify（obj））深拷贝已有对象，代码如下：

```
let jack = {
  counter: 0
}
Vue.component('button-counter', {
  data () {
    return JSON.parse(JSON.stringify(jack))  // 深拷贝
  },
   template: '<button @click="++counter && (console.log(\'click\'))">click
{{counter}} times</button>'
})
```

上述代码的运行结果如图 4.5 所示。

图 4.5　正确赋值 data 选项

无论使用哪种方式，目的都是为实例的 **data** 选项分配一个新的内存地址。

4.1.2　属性选项

对于开发者来说，代码的可复用性十分重要。在某些场景中，虽然业务的大部分特性都是一致的，但往往会有部分差异使得代码复用变得十分困难。

Vue 为组件开发提供了属性（**props**）选项，我们可以使用它为组件注册动态特性，以处理业务间的差异，使代码可以复用于相似的应用场景。

props 选项可以是数组或者对象类型，用于接收从父组件传递过来的参数，并允许开发者为其设置默认值、类型检测和校验规则等。示例代码如下：

```
<div id="app">
  <color-text text="Hello World"></color-text>
  <br>
  <color-text></color-text>
  <br>
```

```
  <color-text color="#f78" text="Hello World"></color-text>
  <br>
  <color-text color="#43dt" text="Hello World"></color-text>
  <br>
</div>
<script src="https://cdn.jsdelivr.net/npm/vue@2.5.16/dist/vue.min.
js"></script>
<script type="text/javascript">
  Vue.component('color-text', {
    props: {
      text: String,
      color: {
        type: String,
        default: '#000',   // 默认值黑色
        required: true,
        validator (value) {   // 校验规则，判断颜色值是否合法
          return /^#([0-9a-fA-F]{6}|[0-9a-fA-F]{3})$/.test(value)
        }
      }
    },
    template: '<span :style="{ color: color}">{{ text }}</span>'
  })
  let vm = new Vue({
    el: '#app'
  })
</script>
```

在上述代码中，笔者为自定义组件 color-text 声明了 color 和 text 两个动态属性，并为 color 设置了默认值黑色（#000）和校验规则，为两者设置了类型检测。

示例的运行结果如图 4.6 所示。

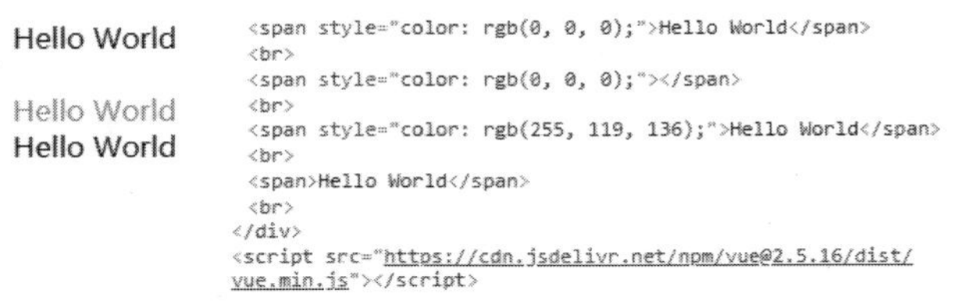

图 4.6　使用 props 定义组件特性

在第一个组件实例中，笔者没有传入 color 值，因此实例采用默认值 #000；第二个实例没有 text 值，因此文本显示为空；第三个实例使用了合法的 color 和 text，显示正常；第四个实例中，笔者传入了非法的 color 值，规则校验失败，因此没有被绑定到 DOM 节点上。

4.1.3　方法选项

先来看两个示例，代码如下：

```
// 代码1
let store1 = {
  msg: 'Hello World',
  logMsg: function () {
    console.log('------------ 匿名函数 ------------\n', this)
    console.log(this.msg)
  }
}
store1.logMsg()
// 代码2
let store2 = {
  msg: 'Hello World',
  logMsg: () => {
    console.log('------------ 箭头函数 ------------\n', this)
    console.log(this.msg)
  }
}
store2.logMsg()
```

上面这两段代码将打印什么内容呢？

结果如图 4.7 所示。

```
------------ 匿名函数 ------------
▶ {msg: "Hello World", logMsg: f}
Hello World
------------ 箭头函数 ------------
▶ Window {postMessage: f, blur: f, focus: f, close: f, frames: Window, …}
undefined
```

图 4.7　函数作用域

使用箭头函数定义方法时并不会创建函数作用域，因此 this 也不会指向其父级实例，此时的 this 会向上追踪。当找到某个函数作用域时，this 将指向该函数的父级实例；否则，this 将指向浏览器的内置对象 Windows。

笔者准备了一道选择题，代码如下：

```
let store = {
  msg: '学习已经很可怜了',
  logMsg () {
    let store = {
      msg: '你能不能长点心',
      logMsg: () => {
        let store = {
```

```
        msg: '给人多留点时间吧',
        logMsg: () => {
          console.log(this.msg)
        }
      }
      store.logMsg()
    }
  }
  store.logMsg()
}
store.logMsg()
```

这段代码将打印什么呢？同学们思考一下吧。

关于 methods 选项，笔者没有太多要说的，唯一的一点就是不要用箭头函数在其中定义方法。在创建组件时，methods 中的方法将被绑定到 Vue 实例上，方法中的 this 也将自动指向 Vue 实例。此时，如果使用箭头函数的话，this 将无法正确指向 Vue 实例，这会带来不必要的麻烦。

4.1.4　计算属性

计算属性（computed 选项）设计的初衷在于减轻模板上的业务负担，当数据链上出现复杂衍生数据时，我们更期望以一种易维护的方式去使用它。

在下面的示例中，笔者展示了没有使用 computed 时的场景，代码如下：

```html
<div id="app" style="font-family: Roboto, sans-serif; color: rgb(84,
92, 100);margin-left: 100px;">
  <h2>英语中的"互文"</h2>
  <p>我们先来看三句话（代码）:</p>
  <p>{{ message }}.  我看到的是车还是猫。</p>
  <p>{{ message.replace(/\s/g, '') }}</p>
  <p>{{ message.replace(/\s/g, '').split('').reverse().join('') }}</
p>
  <p>英语中也有"互文"的修辞手法，比如 {{ message }} 这句话，</p>
  <p>将句中空格去掉可得 {{ message.replace(/\s/g, '') }}，</p>
  <p>将句中空格去掉并将其倒序可得 {{ message.replace(/\s/g, '').split('').
reverse().join('') }}。</p>
  <p>可以看到，{{ message.replace(/\s/g, '') }} = {{ message.replace(/\
s/g, '').split('').reverse().join('') }}，</p>
  <p>这是互文英语的一个示例。</p>
</div>
<script src="https://cdn.jsdelivr.net/npm/vue@2.5.16/dist/vue.min.
js"></script>
```

```
<script type="text/javascript">
  let vm = new Vue({
    el: '#app',
    data () {
      return {
        message: 'WAS IT A CAR OR A CAT I SAW'
      }
    }
  })
</script>
```

虽然直接在模板上书写业务逻辑也可以实现功能需求，但是这么做不仅使得代码结构十分混乱，而且当业务逻辑发生变化时，开发者还需要对所有逻辑发生的地方进行修改，十分不易于维护。

笔者基于 computed 选项重构示例，代码如下：

```
<div id="app" style="font-family: Roboto, sans-serif; color: rgb(84,
92, 100);margin-left: 100px;">
  <h2>英语中的"互文"</h2>
  <p>我们先来看三句话（代码）:</p>
  <p>{{ message }}.  我看到的是车还是猫。</p>
  <p>{{ noSpaceMsg }}</p>
  <p>{{ palindromeMsg }}</p>
  <p>英语中也有"互文"的修辞手法，比如 {{ message }} 这句话，</p>
  <p>将句中空格去掉可得 {{ noSpaceMsg }}, </p>
  <p>将句中空格去掉并将其倒序可得 {{ palindromeMsg }}。</p>
  <p>可以看到，{{ noSpaceMsg }} = {{ palindromeMsg }}, </p>
  <p>这是互文英语的一个示例。</p>
</div>
<script src="https://cdn.jsdelivr.net/npm/vue@2.5.16/dist/vue.min.
js"></script>
<script type="text/javascript">
  let vm = new Vue({
    el: '#app',
    data () {
      return {
        message: 'WAS IT A CAR OR A CAT I SAW'
      }
    },
    computed: {
      noSpaceMsg () {
        return this.message.replace(/\s/g, '')
      },
      palindromeMsg () {
          return this.message.replace(/\s/g, '').split('').reverse().
join('')
```

```
        }
      }
    })
</script>
```

重构前后的运行结果如图 4.8 所示。

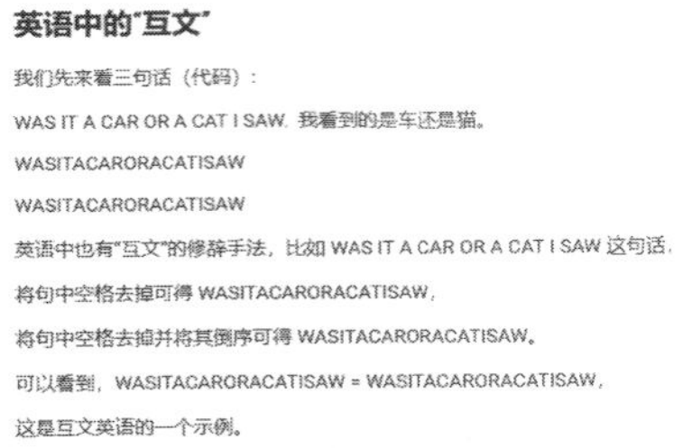

英语中的"互文"

我们先来看三句话（代码）：

WAS IT A CAR OR A CAT I SAW. 我看到的是车还是猫.

WASITACARORACATISAW

WASITACARORACATISAW

英语中也有"互文"的修辞手法，比如 WAS IT A CAR OR A CAT I SAW 这句话.

将句中空格去掉可得 WASITACARORACATISAW，

将句中空格去掉并将其倒序可得 WASITACARORACATISAW。

可以看到，WASITACARORACATISAW = WASITACARORACATISAW,

这是互文英语的一个示例.

图 4.8　衍生数据的视图表现

是否使用 computed 选项对视图表现并无影响，但使用了 computed 之后，组件的代码结构明显清晰了许多，而且即使日后数据的处理方式发生了变化，也只需在选项中修改即可。

与 methods 一样，computed 不能以箭头函数声明，同时它也会被混入 Vue 实例，并可通过 this 调用。

由于计算属性依赖于响应式属性，所以当且仅当响应式属性变化时，计算属性才会被重新计算，而且得到的结果将会被缓存，一直到响应式属性再次被修改。相比于使用 methods 函数求值，这是一种更为高效的机制，如图 4.9 所示。

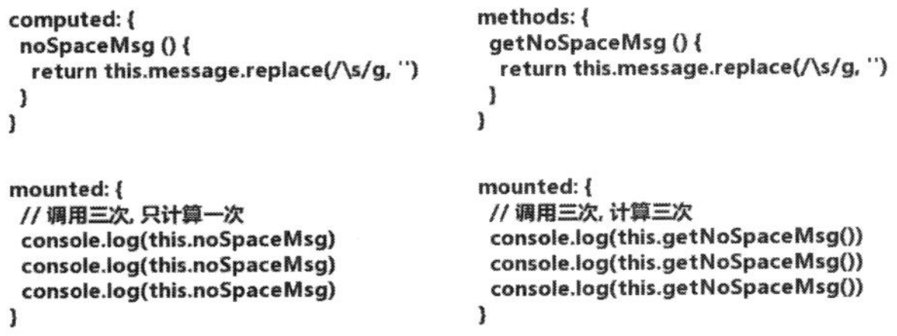

```
computed: {                                    methods: {
 noSpaceMsg () {                                 getNoSpaceMsg () {
  return this.message.replace(/\s/g, '')          return this.message.replace(/\s/g, '')
 }                                               }
}                                              }

mounted: {                                     mounted: {
 // 调用三次, 只计算一次                            // 调用三次, 计算三次
 console.log(this.noSpaceMsg)                    console.log(this.getNoSpaceMsg())
 console.log(this.noSpaceMsg)                    console.log(this.getNoSpaceMsg())
 console.log(this.noSpaceMsg)                    console.log(this.getNoSpaceMsg())
}                                              }
```

图 4.9　与 methods 求值对比

最后一点，Vue 也允许开发者为 computed 属性赋值。

开发者有权定义可被赋值的 computed 属性，方法类似于定义对象属性描述符中的 setter 和 getter，示例代码如下：

```
<div id="app">
  <h2>数据变化之前
    <i style="color: #ababab;font-size: 14px;">
      * 指令v-once可以限制视图不再响应数据变化
    </i>
  </h2>
  <p v-once>{{ message }}</p>
  <p v-once>{{ noSpaceMsg }}</p>
  <h2>数据变化之后</h2>
  <p>{{ message }}</p>
  <p>{{ noSpaceMsg }}</p>
</div>
<script src="https://cdn.jsdelivr.net/npm/vue@2.5.16/dist/vue.min.
js"></script>
<script type="text/javascript">
  let vm = new Vue({
    el: '#app',
    data () {
      return {
        message: 'WAS IT A CAR OR A CAT I SAW'
      }
    },
    computed: {
      noSpaceMsg: {
        set (value) {
          this.message = value
        },
        get () {
          return this.message.replace(/\s/g, '')
        }
      }
    }
  })
</script>
```

笔者在控制台中修改了实例的 message 值，得到的结果如图 4.10 所示。

图 4.10　可被赋值的 computed 属性

虽然这种方式赋予了 computed 更多的职能，但笔者并不推荐这么做，专业的事应交给专业的人 / 工具来做。同时，Vue 提供了更多的选择来实现相同的功能，比如 watch 选项。

4.1.5　侦听属性

Vue 允许开发者使用侦听属性（watch 选项）为实例添加被观察对象，并在对象被修改时调用开发者自定义的方法。

笔者使用 watch 选项重构了图 4.10 所用的代码，重构后的代码如下：

```
let vm = new Vue({
  el: '#app',
  data () {
    return {
      message: 'WAS IT A CAR OR A CAT I SAW',
      // 如果允许被赋值，何不直接放在data中？
      noSpaceMsg: 'WASITACARORACATISAW'
    }
  },
  watch: {   // 使用watch实现：当元数据变化时，同步衍生数据的状态
    message (newValue, oldValue) {   // newValue: 修改后的值；oldValue:
修改前的值
      this.noSpaceMsg = this.message.replace(/\s/g, '')
    }
  }
})
```

运行结果亦如上一小节中图 4.10 所示。

由于 watch 更注重于处理数据变化时的业务逻辑，而 computed 更注重于衍生数据，因此，与 computed 相比，watch 还优于可以异步修改数据。下面来看一段示例代码：

```
import axios from 'axios'
let vm = new Vue({
  el: '#app',
  data () {
    return {
      message: '书山有路勤为径，学海无涯苦做舟。',
      remoteMsg: ''
    }
  },
  watch: {
    message (newValue, oldValue) {
      axios({   // 发送ajax异步请求
```

```
        method: 'GET',
        url: '/someurl',
        params: {
          message: newValue
        }
      }).then(res => {
        this.remoteMsg = res.data.message    // 接收响应后，异步修改数据值
      })
    }
  }
})
```

在这段代码中，笔者使用 watch 选项为组件异步获取 ajax 请求的返回值，而使用 computed 则无法达到这样的效果。

此外，Vue 还为 watch 选项提供了丰富的声明方式，如：

```
let vm = new Vue({
  el: '#app',
  data () {
    return {
      msg: {
        sender: 'Jack',
        receiver: 'Rose'
      }
    }
  },
  methods: {
    logLine () {
      console.log('------------- 分割线 --------------')
    },
    logMsg (newValue, oldValue) {
      console.log(newValue)
    }
  },
  watch: {
    msg: {
      handler: 'logMsg',  // 方法名
      deep: true,   // 深度观察：对象任何层级数据发生变化，watch方法都会被触发
      immediate: true  // 立即调用：在侦听开始时立即调用一次watch方法
    },
    'msg.sender': [ 'logLine', 'logMsg' ]  // 数组方式，可调用多个方法
  }
})
```

感兴趣的同学可以玩一玩，这里笔者不再多说。

4.2　DOM 渲染

本节内容主要讲述 Vue 中关于 DOM 渲染的一些选项。

4.2.1　指定被挂载元素

el 选项可用于指定 Vue 实例的挂载目标，属性值仅限于 CSS 选择器或者 DOM 节点对象。

选项的相关用法如下所示：

```
<style>
  .fixed-width {
    display: inline-block;
    width: 100px;
  }
</style>
<p id="app"><strong class="fixed-width">CSS选择器: </strong>{{ msg }}</p>
<p id="app2"><strong class="fixed-width">DOM节点: </strong>{{ msg }}</p>
<p id="app3"><strong class="fixed-width">手动挂载: </strong>{{ msg }}</p>
<button onclick="handleMount()">手动挂载</button>
<script src="https://cdn.jsdelivr.net/npm/vue@2.5.16/dist/vue.min.
js"></script>
<script type="text/javascript">
  let vm1 = new Vue({
    el: '#app',  // 选择器
    data () {
      return {
        msg: 'Hello World'
      }
    }
  })
  let vm2 = new Vue({
    el: document.getElementById('app2'),  // HTMLElement
    data () {
      return {
        msg: 'Hello World'
      }
    }
  })
  let vm3 = new Vue({
    // el: document.getElementById('app3'),  // 这里未使用el，而是用其等效用法
    data () {
      return {
        msg: 'Hello World'
```

```
    }
  }
})
let handleMount = function () {
  vm3.$mount('#app3')
}
</script>
```

除此之外，Vue 也允许开发者使用 $mount 方法来挂载实例，如代码中 vm3 的挂载方式。示例代码初始视图如图 4.11 所示。

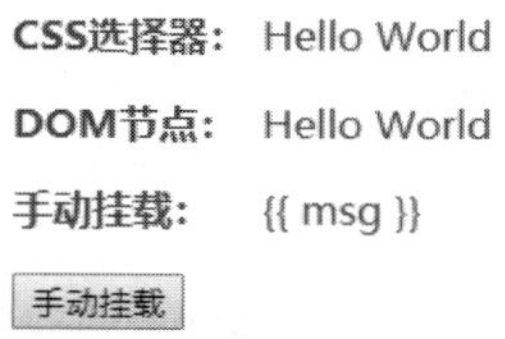

CSS选择器： Hello World

DOM节点： Hello World

手动挂载： {{ msg }}

手动挂载

图 4.11　使用 el 选项挂载 Vue 实例

此时，el 选项为 CSS 选择器和 DOM 节点形式的 Vue 实例已经被成功挂载。

当笔者点击"手动挂载"按钮时，视图如图 4.12 所示。

CSS选择器： Hello World

DOM节点： Hello World

手动挂载： Hello World

手动挂载

图 4.12　使用 $mount 方法挂载 Vue 实例

可以看到，无论采用哪种方式挂载实例，得到的结果都是一样的。不过，Vue 总是愿意提供给用户更多的选择，允许开发者选择合适的方式或时机执行操作。

4.2.2　视图的字符串模板

Vue 允许开发者使用字符串作为实例的模板，模板字符串由 template 选项接收，示例的代码如下：

```
<div id="app">target element</div>
<script src="https://cdn.jsdelivr.net/npm/vue@2.5.16/dist/vue.min.
js"></script>
```

```
<script type="text/javascript">
  let vm = new Vue({
    el: '#app',
    template: '<h1>template element</h1>'  // 模板节点将替换原有DOM节点
  })
</script>
```

示例代码的运行结果如图 4.13 所示。

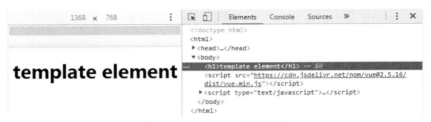

图 4.13　template 选项示例

从图 4.13 中可以看到，template 选项创建了新的 DOM 节点，并替换掉原有的节点。

4.2.3　渲染函数render

render 函数同样也可以用于渲染视图，它提供了回调方法 createElement 以供我们创建 DOM 节点，下面来看一段示例代码：

```
<style>
  .btn {
    outline: none;
    border: none;
    cursor: pointer;
    padding: 5px 12px;
  }
  .btn-text {
    color: #409eff;
    background-color: transparent;
  }
  .btn-text:hover {
    color: #66b1ff;
  }
</style>
<div id="app">
  <!-- 将实例中 fields & goods 传入组件 -->
  <fly-table :fields="fields" :goods="goods">
    <span slot="title">Fly Table Component</span>
```

```
    </fly-table>
</div>
<script src="https://cdn.jsdelivr.net/npm/vue@2.5.16/dist/vue.min.
js"></script>
<script type="text/javascript">
  Vue.component('fly-table', {
    props: {   // 组件接收外界传入的参数
      fields: {
        type: Array,
        default () {
          return []
        }
      },
      goods: {
        type: Array,
        default () {
          return []
        }
      }
    },
    methods: {
      reverse () {   // 定义数组倒序方法
        this.goods.reverse()
      }
    },
    render (createElement) {   // 使用render函数渲染DOM
      /**
       * createElement 可接收三个参数
       * 1. HTML标签字符串（String）| 组件选项对象（Object）| 节点解析函数
（Function）
       * 2. 定义节点特性的对象（Object）
       * 3. 子节点，createElement构建的VNode节点或字符串生成的无标签文本节点
（Array|String）
       */
      return createElement('div', {
        // 作为子组件时的插槽名称
        slot: 'fly-table'
      }, [
        createElement('h2' ,this.$slots.title),
        createElement('button', {
          // class 用于绑定类名，同v-bind:class的绑定方式
          class: ['btn', 'btn-text'],
          // attrs 用于绑定节点一般属性，如id、disabled、title等
          attrs: {
            disabled: false,
            title: '点击使数组倒序'
          },
```

```
    // domProps 用于绑定节点DOM属性，如innerHTML、innerText等
    domProps: {
      innerText: '倒序'
    },
    on: {
      // 绑定事件，使用箭头函数以免创建函数作用域
      click: () => {
        this.goods.reverse()
      }
    },
    // 自定义指令
    directives: [],
    // 其他属性
    key: 'btnReverse',
    ref: 'btnReverse'
  }),
  createElement('table', {
    // style 用于绑定样式，同v-bind:style的绑定方式
    style: {
      width: '400px',
      textAlign: 'left',
      lineHeight: '42px',
      border: '1px solid #eee',
      userSelect: 'none'
    }
  }, [
    createElement('tr', [
      this.fields.map(field => createElement('th', field.prop))
    ]),
    this.goods.map(item => createElement('tr', {
      style: {
        color: item.isMarked ? '#ea4335' : ''
      }
    }, this.fields.map(field => createElement('td', {
      style: {
        borderTop: '1px solid #eee'
      }
    }, [
      field.prop !== 'operate'   // 如果不是操作列，显示文本
        ? createElement('span', item[field.prop])
        : createElement('button', { // 否则显示按钮
          class: ['btn', 'btn-text'],
          domProps: {
            innerHTML: '<span>切换标记</span>'
          },
          on: {
            click: () => {   // 当按钮被点击时，切换该行文本标记状态
```

（被标记时字体颜色为红色）

```
                        item.isMarked = !item.isMarked
                    }
                }
            })
        ])))))
    ])
  ])
 }
})
// 声明 Vue 实例
let vm = new Vue({
  el: '#app',
  data () {
    return {
      fields: [
        {
          label: '名称',
          prop: 'name'
        },
        {
          label: '数量',
          prop: 'quantity'
        },
        {
          label: '价格',
          prop: 'price'
        },
        {
          label: '',
          prop: 'operate'
        }
      ],
      goods: [
        {
          name: '苹果',
          quantity: 200,
          price: 6.8,
          isMarked: false
        },
        {
          name: '西瓜',
          quantity: 50,
          price: 4.8,
          isMarked: false
        },
        {
```

```
                name: '榴莲',
                quantity: 0,
                price: 22.8,
                isMarked: false
            }
        ]
    }
  }
})
</script>
```

这段代码有点复杂，希望同学们能够参照着写一下，以加深理解。在这个示例中，笔者首先定义了 **fly-table** 组件。fly-table 作为一个定制化功能组件，允许用户查看表格数据、倒序表格、标记表格数据等操作，其 DOM 渲染由 render 函数执行，DOM 节点由 createElement 方法创建。之后，笔者定义了 Vue 实例，并在实例作用域中将数据传入组件。示例的初始视图如图 4.14 所示。

Fly Table Component

倒序

name	quantity	price	operate
苹果	200	6.8	标记
西瓜	50	4.8	标记
榴莲	0	22.8	标记

图 4.14　初始时的 fly-table

在初始渲染表格数据时，笔者使用了 JS 中 Array API 的 map 方法，并使用三目运算符判断生成 span 节点还是 button 节点。

当点击"倒序"按钮后，视图如图 4.15 所示。

Fly Table Component

倒序

name	quantity	price	operate
榴莲	0	22.8	标记
西瓜	50	4.8	标记
苹果	200	6.8	标记

图 4.15　倒序后的 fly-table

当点击"标记"按钮时，视图如图 4.16 所示。

Fly Table Component

倒序			
name	quantity	price	operate
榴莲	0	22.8	取消标记
西瓜	50	4.8	标记
苹果	200	6.8	标记

图 4.16　标记后的 fly-table

template 和 render 选项均是用于增加 JS 代码以减少 HTML 代码的开发，这样做的好处有两个：一使开发人员可以聚焦于 JS 代码的书写；二也更贴近于 Vue 的底层编译器。相比于 template，render 函数充分地体现了 JS 的完全编程能力（脱离 HTML 和 CSS 代码的开发）。

此外，借助于 babel-plugin-transform-vue-jsx 插件，开发者也可以使用 JSX 语法。不过，笔者更推荐使用 Vue 专用的单文件组件，这也是 Vue 项目开发的主要方式，笔者将在后续章节中进行演示。

render 函数的回调方法 createElement 允许开发者在合适的位置为 DOM 节点绑定监听事件。在上述示例中，笔者演示了该如何使用：

```
on: {
  click: () => {}
}
```

这是为按钮绑定点击事件的用法，其他事件的绑定方法也大致如此。

不过，在 Vue 的事件系统中，还有一些很重要的内容，如事件修饰符。在 render 函数中，如何为事件绑定修饰符呢？

对于一些不易编写的事件修饰符，Vue 提供了简写前缀，如表 4.1 所示。

表 4.1　事件修饰符前缀

修 饰 符	前 缀	说　　明
.passive	&	移动端，限制事件永不调用 preventDefault（）方法
.capture	!	当事件触发时，阻止事件捕获
.once	～	事件被触发一次后即解除监听
.capture.once / .once.capture	～!	事件被触发一次后即解除监听并阻止事件捕获

用法如下:

```
on: {
  '!click': () => {}, // .capture
  '~keyup': () => {},  // .once
  '~!mouseover': () => {}  // .capture.once
}
```

而其他的一些事件修饰符,开发者可以使用原生 JS 编写,示例如表 4.2 所示。

表 4.2　部分事件修饰符与原生 JS 的对照表

修 饰 符	原生 JS
.stop	event.stopPropagation()
.prevent	event.preventDefault()
.self	if(event.target!==event.currentTarget) return
.enter / .13	if(event.keyCode!==13) return
.ctrl	if(!event.ctrlKey) return

用法如下:

```
on: {
  keyup: function (event) {
    // .self
    if (event.target !== event.currentTarget) return
    // .shift && .enter(.13)
    if (!event.shiftKey || event.keyCode !== 13) return
    // .stop
    event.stopPropagation()
    // .prevent
    event.preventDefault()
  }
}
```

下面是有关 render 函数的拓展内容。

在 HTML 中,任何内容都是节点,即使没有标签的文本也是节点,层层节点嵌套,形成了一棵 DOM 树,如图 4.17 所示。

在 DOM 中查询和更新节点是一件比较低效的工作,为此,Vue 提供了 render 函数和虚拟 DOM。虚拟 DOM 将对真实 DOM 发生的变化进行追踪,以降低 DOM 查询用时。

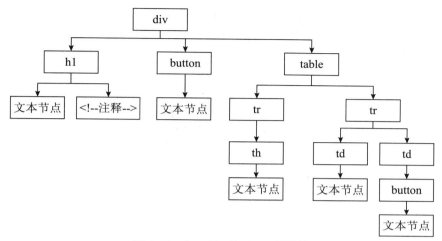

图 4.17　fly-table 的 DOM 树结构

同学们有没有想过在如下代码中，createElement 创建的是什么呢？

```
render (createElement) {  // 此处使用createElement的常用简写h
  return createElement('p', 'Hello World')
}
```

与 document.createElement 不同，render 中的 createElement 创建的并不是真实的 DOM 节点，而是虚拟节点（Virtual Node，VNode），含有开发者描述的节点信息。由 VNode 组成的树形结构即"虚拟 DOM"，Vue 将通过虚拟 DOM 在页面上渲染出真实的 DOM。

最后一点，在组件树中，VNode 必须保持其身份的唯一，以便 Vue 一一对应地对每个真实的 DOM 节点进行追踪。

4.2.4　选项的优先级

我们可以发现，el、template、render 三个选项的功能是一致的——获取实例模板（指定或是创建）。然而，当实例同时存在这三个选项时，Vue 将如何处理呢？下面我们通过几个示例来观察一下。

（1）当 el、render、template 共存时，代码如下：

```
<div id="app">
  <h1>el: {{ msg }}</h1>
</div>
```

```
<script src="https://cdn.jsdelivr.net/npm/vue@2.5.16/dist/vue.min.
js"></script>
<script type="text/javascript">
  let vm = new Vue({
    el: '#app',
    render (c) {
      return c('h1', 'render: ' + this.msg)
    },
    template: '<h1>template: {{ msg }}</h1> ',
    data () {
      return {
        msg: 'I want you!'
      }
    }
  })
</script>
```

运行结果如图 4.18 所示。

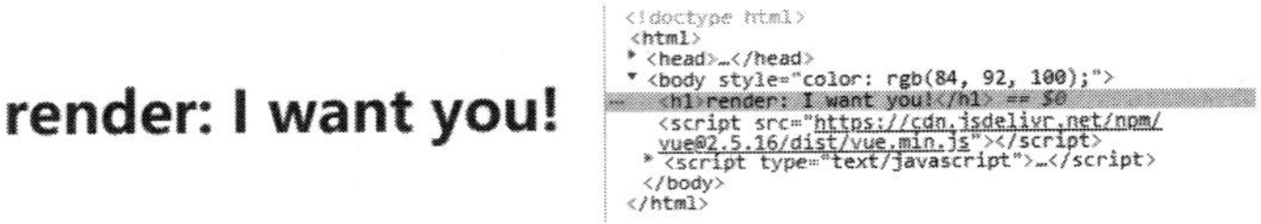

图 4.18　el、template、render 共存时

在这个示例中，Vue 优先采用了 render 选项创建的模板。

（2）当 el、template 共存时，实例代码如下：

```
let vm = new Vue({
  el: '#app',
  template: '<h1>template: {{ msg }}</h1> ',
  data () {
    return {
      msg: 'I want you!'
    }
  }
})
```

运行结果如图 4.19 所示。

图 4.19　el、template 共存时

可以看到，此时 Vue 优先采用了 template 选项创建的模板。

4.3　封装复用

本节主要讲述 Vue 中关于封装复用的内容，属于 Vue 中的进阶知识，在实战中对开发者的抽象和泛化能力有一定的要求。

4.3.1　过滤器

filters 选项用于定义在当前组件或实例作用域中可用的过滤器，可在双括号插值（Mustache 语法）中添加在 Javascript 表达式的尾部，以管道符号"|"与表达式隔开，表达式的值将作为参数传入 filter 中。下面来看一段示例代码：

```
<div id="app">
  <h1>{{ title }}</h1>
  <h1>{{ title | supplyTitle1 }}</h1>
  <!-- 存在多个filter时,将从左向右执行 -->
  <h1>{{ title | supplyTitle1 | supplyTitle2 }}</h1>
</div>
<script src="https://cdn.jsdelivr.net/npm/vue@2.5.16/dist/vue.min.
js"></script>
<script type="text/javascript">
  let vm = new Vue({
    el: '#app',
    data () {
      return {
        title: 'Test#%for#%Filter.'
      }
    },
    filters: {
      supplyTitle1 (value) {   // 表达式的值将作为形参传入
        console.log('Supply Title 1')
        return value.replace(/#/g, ' ')
      },
      supplyTitle2 (value) {
        console.log('Supply Title 2')
        return value.replace(/%/g, '')
      }
    }
  })
</script>
```

在上述代码中，笔者定义了两个 filter 用以格式化标题，示例代码运行结果如图 4.20 所示。

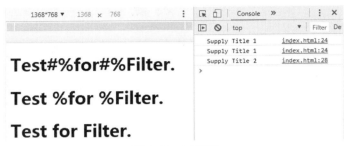

图 4.20   过滤器

当存在多个 filter 时，Vue 将从左向右执行过滤，并将上一次过滤的结果作为下一次过滤的输入值。

除在组件中定义 filter 之外，Vue 还允许开发者在全局定义 filter，全局 filter 的使用方法与选项 filter 一致，定义的方法如以下代码：

```
Vue.filter('supplyTitle1', value => {  // 表达式的值将作为形参传入
  console.log('Supply Title 1')
  return value.replace(/#/g, ' ')
})
Vue.filter('supplyTitle2', value => {  // 表达式的值将作为形参传入
  console.log('Supply Title 2')
  return value.replace(/%/g, '')
})
```

代码的运行结果如图 4.20 所示。

与选项 filter 不同的是，全局 filter 可以在任何组件和实例中起作用。

4.3.2   自定义指令

在之前的章节中，我们接触过一些 Vue 提供的"开箱即用"的指令，如 v-bind、v-on、v-model 等。除了这些指令外，Vue 也允许我们使用一些自定义的指令。在组件和实例中，这些自定义指令应该被声明在 directives 选项中。

Vue 为自定义指令提供了如下几个钩子函数（均为可选）：

● bind：指令与元素绑定时调用。

● inserted：指令绑定的元素被挂载到父元素上时调用。

- update：指令所在 VNode 更新时调用，可能发生在其子 VNode 更新之前。
- componentUpdated：指令所在 VNode 及其子 VNode 全部更新后调用。
- unbind：指令与元素解绑时调用。

同时，钩子函数会被传入以下参数：

- el：指令所绑定元素，可用于操作 DOM。
- binding：包含指令相关属性的对象。

binding 包含以下属性：

- name：指令名称。
- value：指令绑定的值，如在 v-some=“2*2”中，绑定值为 4。
- oldValue：指令值改变前的值，仅在 update 和 componentUpdated 钩子函数中可用。
- expression：字符串类型的指令表达式，如在 v-some=“2*2”中，值为“2*2”。
- arg：传给指令的参数，如在 v-some:someValue 中，值为“someValue”。
- modifiers：修饰符对象，如在 v-some.upper 中，值为 {upper: true}。
- vnode：虚拟节点。
- oldNode：虚拟节点更新前的值，仅在 update 和 componentUpdated 钩子函数中可用。

下面笔者将演示一个相关示例，同学们可以参照着示例进行理解，示例代码如下：

```
<div id="app">
  <h1 v-some.upper>{{ title }}</h1>
  <h1 v-some.lower>{{ title }}</h1>
  <h1 v-style="style">{{ title }}</h1>
  <button @click="handleStyle">修改v-style</button>
</div>
<script src="https://cdn.jsdelivr.net/npm/vue@2.5.16/dist/vue.min.
js"></script>
<script type="text/javascript">
  let vm = new Vue({
    el: '#app',
    data () {
      return {
        title: 'Test for Directive.',
        style: {  // v-style的参数
          fontStyle: 'italic'
        }
      }
    },
    methods: {
```

```
      handleStyle () {
        this.$set(this.style, 'color', '#ababab')
        this.$set(this.style, 'transform', 'rotateX(45deg)')
      }
    },
    directives: {
      style: {  // 用于为节点绑定样式
        bind (el, binding, vnode) {
          console.log('%c--------- bind参数: el, binding, vnode ------
---', 'font-size: 18px;')
          console.log('%o\n\n%o\n\n%o', el, binding, vnode)
          let styles = binding.value  // 获取指令绑定的值
          Object.keys(styles).forEach(key => el.style[key] = styles[key])
        },
        update (el, binding, vnode, oldVnode) {
          console.log('%c---- update参数: el, binding, vnode, oldVnode
----', 'font-size: 18px;')
          console.log('%o\n\n%o\n\n%o\n\n%o', el, binding, vnode, oldVnode)
          let styles = binding.value  // 获取指令绑定的值
          Object.keys(styles).forEach(key => el.style[key] = styles[key])
        }
      },
      // 在bind和update时触发相同行为，且无需定义其他钩子函数
      // 指令可以简写为以下形式
      some (el, binding) {
        let text = el.innerText
        let modifiers = binding.modifiers
        if (modifiers.upper) {  // 如果带有upper后缀，则大写文本
          el.innerText = text.toUpperCase()
        }
        if (modifiers.lower) {  // 如果带有lower后缀，则小写文本
          el.innerText = text.toLowerCase()
        }
      }
    }
  })
</script>
```

  笔者在上述代码中定义了 v-some 和 v-style 两个指令。v-some 根据后缀的 .upper 或 .lower 修饰符对文本进行大小写格式化；v-style 接收一个样式对象，用于为节点绑定样式。

  通过实操可以发现，在自定义指令中，最大的关注点是 bind 和 update 这两个钩子函数，且这两个钩子函数在很多时候业务逻辑基本一致，而其他钩子函数只有在特殊情况下才会用到。因此，Vue 为自定义指令提供了简写，只关注 bind 和 update 钩子函数，如

上述代码中 v-some 指令的定义方式。

示例代码初始运行结果如图 4.21 所示。

图 4.21　自定义指令（bind）

当点击"修改 v-style"按钮后，运行结果如图 4.22 所示。

图 4.22　自定义指令（update）

同 filter 一样，Vue 也允许开发者定义全局指令，定义方式参见以下代码：

```
Vue.directive('style', {  // 用于为节点绑定样式
  bind: function (el, binding, vnode) {
    console.log('%c-------- bind参数: el, binding, vnode ---------',
'font-size: 18px;')
    console.log('%o\n\n%o\n\n%o', el, binding, vnode)
    let styles = binding.value  // 获取指令绑定的值
    Object.keys(styles).forEach(key => el.style[key] = styles[key])
  },
  update: function (el, binding, vnode, oldVnode) {
    console.log('%c---- update参数: el, binding, vnode, oldVnode ----',
'font-size: 18px;')
```

```
    console.log('%o\n\n%o\n\n%o\n\n%o', el, binding, vnode, oldVnode)
    let styles = binding.value   // 获取指令绑定的值
    Object.keys(styles).forEach(key => el.style[key] = styles[key])
  }
})
// 在bind和update时触发相同行为，且无需定义其他钩子函数
// 指令可以简写为以下形式
Vue.directive('some', function (el, binding) {
  let text = el.innerText
  let modifiers = binding.modifiers
  if (modifiers.upper) {   // 如果带有upper后缀，则大写文本
    el.innerText = text.toUpperCase()
  }
  if (modifiers.lower) {   // 如果带有lower后缀，则小写文本
    el.innerText = text.toLowerCase()
  }
})
```

运行结果如图 4.21、图 4.22 所示。

4.3.3　组件的注册

　　components 选项用于为组件注册从外部引入的组件，由于子组件并非在全局定义，因此不可以直接在父组件的作用域内使用。选项常见的应用场景有引入第三方库中的组件和自定义组件等。

　　下面来看一段示例代码：

```
<div id="app">
  <easy-title></easy-title>
  <easy-wish></easy-wish>
  <easy-motto></easy-motto>
</div>
<script src="https://cdn.jsdelivr.net/npm/vue@2.5.16/dist/vue.js"></script>
<script type="text/javascript">
  let EasyTitle = {   // EasyTitle组件
    name: 'EasyTitle',
    template: '<h1>大器当成</h1>'
  }
  let EasyMotto = {   // EasyMotto组件
    name: 'EasyMotto',
    template: '<p>过一方水土，历一番人事，方知天地不仁，万物刍狗</p>'
  }
  let EasyWish = {   // EasyWish组件
    name: 'EasyWish',
```

```
    template: '<p>白发渔樵隐深山，浮名穷利岂愿沾。</p>'
  }
  let vm = new Vue({   // Vue实例
    el: '#app',
    components: { EasyTitle, EasyMotto, EasyWish }
  })
</script>
```

示例的运行结果如图 4.23 所示。

图 4.23　组件的注册和引用

在这个示例中，笔者定义了 EasyTitle、EasyWish 和 EasyMotto 三个组件，并使用 components 选项将其注册到实例中。在 vue-devtools 中，我们可以看到组件的结构。

4.3.4　混入的使用

与 components 选项相似，mixins（混入）选项也用于注册在外部封装好的代码，不过这些代码更加碎片化，并不如组件一样成体系，混入的目的在于灵活地分发组件中一些可复用的功能。

mixins 可以将一些封装好的选项混入另一个组件中。在混入过程中，如果没有发生冲突，则执行合并；如果发生冲突且用户没有指定解决策略，Vue 将采用默认策略，如表 4.3 所示。

表 4.3　混入冲突时的默认策略

冲 突 选 项	合 并 策 略	冲 突 策 略
data	合并根节点数据	优先采用组件的数据
mounted 等钩子函数	混合为数组	全部调用且先调用 mixin 的钩子函数
methods/components/directives 等	混为同一对象	优先采用组件的键值对
watch	混合为数组	全部调用且先调用 mixin 的 watch 方法

下面来看一段示例代码：

```html
<style>
  #app {
    color: #2c3e50;
    font-family: Roboto, sans-serif;
  }
  .label {
    display: inline-block;
    min-width: 160px;
  }
</style>
<div id="app">
  <h1>{{ title }}</h1>
  <p><strong class="label">Text:</strong>{{ text }}</p>
  <p><strong class="label">Plus Text:</strong>{{ plusText }}</p>
  <p><strong class="label">Upper Text:</strong>{{ text | supplyUpper
}}</p>
  <button @click="toggleText">切换文本</button>
</div>
<script src="https://cdn.jsdelivr.net/npm/vue@2.5.16/dist/vue.min.
js"></script>
<script type="text/javascript">
  // 强耦合，需要被混入组件的data根节点中包含text属性
  let mixin = {
    data () {
      return {
        title: 'Test for mixin'
      }
    },
    mounted () {
      console.log('mixin mounted')
    },
    methods: {
      toggleText () {
        this.text = 'mixin text'
      }
    },
    computed: {
      plusText () {  // 此处需要创建函数作用域以使this指向Vue实例
        return '+ ' + this.text + ' +'
      }
    },
    filters: {  // 选项过滤器
      supplyUpper: value => value.toUpperCase()
    },
    watch: {  // 监听器
```

```
        text (value) {
          console.log('mixin text: ' + value)
        }
      }
    }
    let vm = new Vue({
      el: '#app',
      mixins: [ mixin ],
      data () {
        return {
          title: 'A Title',
          text: 'which one?'
        }
      },
      mounted () {
        console.log('instance mounted')
      },
      methods: {
        toggleText () {
          this.text = 'instance text'
        }
      },
      watch: {
        text (value) {
          console.log('instance text: ' + value)
        }
      }
    })
</script>
```

在这段代码中，笔者定义了名为 mixin 的混入并将其注入 Vue 实例中，示例代码的运行结果如图 4.24 所示。

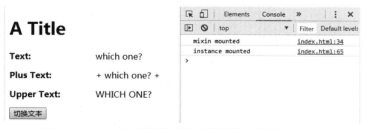

图 4.24　mixin 与组件选项冲突的默认解决策略（1）

从图 4.24 中可以看到，组件合并了 mixin 混入的选项。在处理 data 选项冲突时，Vue 选用了组件数据；在处理 mounted 钩子函数时，Vue 先行调用 mixin 的钩子函数，同时，Vue 也将 mixin 中的 computed 和 filters 选项合并到组件中。

当点击"切换文本"按钮时，视图如图 4.25 所示。

图 4.25　mixin 与组件选项冲突的默认解决策略（2）

此时，mixin 和组件的 watch 方法都被调用，这意味着 Vue 在处理 watch 选项时，采用了和处理 mounted 等钩子函数一样的策略。

Vue 也允许开发者使用 Vue.mixin 定义全局 mixin，不过这将为所有组件和示例混入 mixin 选项，笔者建议不要这么做，这会使得组件结构十分混乱，甚至让选项数据在哪被定义的都无从查起。

到这里，本章内容基本结束，笔者在章节中所举示例均是复制下来即可运行的，希望同学们能够参照代码亲自操作一下。

在本章所介绍的选项之外，Vue 还提供了其他一些选项，由于这些选项对于实战开发并不重要，所以笔者在此不多论述，有兴趣的同学可以查阅官方文档进行研究。

第 5 章　Vue 内置组件

除了允许用户自定义组件之外，Vue 还内置了一些组件，以帮助用户高效地开发
一些功能。本章将带领大家一起来了解这些内置组件。

5.1　组件服务

本节主要介绍一些辅助用户进行组件开发的内置组件，内容包括动态组件的开发、
使用插槽分发内容和缓存组件。

5.1.1　动态组件

在某些场景，往往需要我们动态切换页面部分区域的视图，这个时候内置组件
component 就显得尤为重要。

component 接收一个名为 is 的属性，is 的值应为在父组件中注册过的组件的名称，
用法如下：

```
<component :is="view"></component> <!-- view为变量 -->
```

下面来看一个示例，代码如下：

```
<style>
  .tabs {
    margin: 0;
    padding: 0;
    list-style: none;
  }
  .per-tab {
    display: inline-block;
    width: 120px;
    line-height: 32px;
    border-left: 1px solid #ccc;
    border-top: 1px solid #ccc;
  }
  .per-tab:last-child {
    border-right: 1px solid #ccc;
  }
  .tab-content {
```

```
        height: 240px;
        border: 1px solid #ccc;
      }
    </style>
    <div id="app">
      <ul class="tabs">
        <li class="per-tab" @click="toggleView('Home')">Home</li><!--
        --><li class="per-tab" @click="toggleView('About')">About</li>
      </ul>
      <div class="tab-content">
        <component :is="view"></component> <!-- view为变量 -->
      </div>
    </div>
    <script src="https://cdn.jsdelivr.net/npm/vue@2.5.16/dist/vue.min.
    js"></script>
    <script type="text/javascript">
      let Home = {  // Home组件
        template: '<p style="color: #787878;">Hello Home!</p>'
      }
      let About = {  // About组件
        template: '<p>Hello About!</p>'
      }
      let vm = new Vue({  // Vue实例
        el: '#app',
        components: { Home, About },
        data () {
          return {
            view: 'Home'
          }
        },
        methods: {
          toggleView (view) {
            this.view = view
          }
        }
      })
    </script>
```

在这段代码中，笔者定义了 Home 和 About 两个组件，并使用 components 选项将其注册到实例 vm 中。初始时，笔者设置 is 的值为 Home，此时实例加载了 Home 组件，视图如图 5.1 所示。

图 5.1　初始加载 Home 组件

之后点击 About 选项卡，视图如图 5.2 所示。

图 5.2　切换为 About 组件

可以看到，此时实例加载了 About 组件。

5.1.2　使用插槽分发内容

通过 props 选项，组件可以接收多态的数据。不过，如果我们希望组件也能接收多态的 DOM 结构呢？

其实，实现方法有很多，比如使用 props 配合 v-html 等。这里，Vue 提供了一种更简单的选择，使用内置组件 slot（插槽）分发内容。

在定义多个插槽时，我们可以使用 name 属性对其进行区分，如果没有指定 name 属性，则 Vue 会将所有的插槽内容置于默认插槽 default 中。

下面来看一段示例代码：

```
<div id="app">
  <slot-test>
```

```
    <p>使用插槽分发内容</p>
    <h1 slot="header">插槽测试!</h1>
    <p>在组件中，没有指定插槽名称的元素将被置于默认插槽中</p>
    <p slot="none">指定到不存在的插槽中的内容将不会被显示</p>
  </slot-test>
</div>
<script src="https://cdn.jsdelivr.net/npm/vue@2.5.16/dist/vue.min.
js"></script>
<script type="text/javascript">
  let SlotTest = {
    template: '<div>' +
    '<slot name="header">相当于占位元素，因此这些文字也不会被渲染</slot>' +  //
具名插槽
    '<slot></slot>' +  // 默认插槽
    '</div>'
  }
  let vm = new Vue({  // Vue实例
    el: '#app',
    components: { SlotTest }
  })
</script>
```

在这段代码中，笔者为 SlotTest 组件添加了具名插槽 header 和默认插槽，并在父组件中将 DOM 分发到不同的插槽中，运行结果如图 5.3 所示。

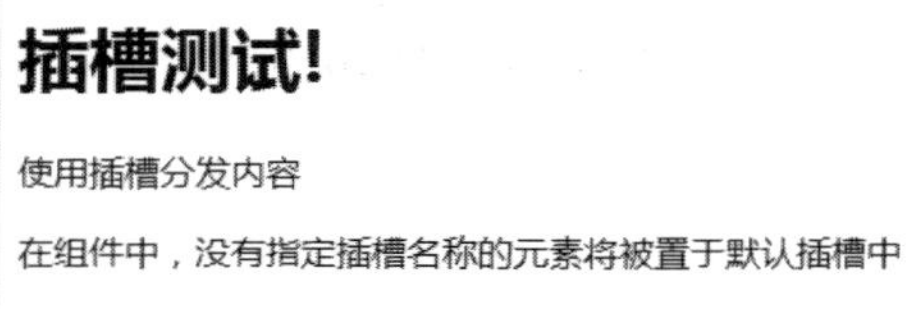

插槽测试!

使用插槽分发内容

在组件中，没有指定插槽名称的元素将被置于默认插槽中

图 5.3　使用插槽分发内容

可以看到，父组件的元素被成功分发到对应的插槽中。

除此之外，Vue 还提供了作用域插槽 slot-scope（在 Vue 2.5.0 以下版本为 scope，只可用于 template 元素）。我们可以使用 slot-scope 获取子组件回传的数据，用来在父组件中执行多态的渲染或响应。

为了使父组件中的 slot-scope 生效，我们还需要在子组件中将有关的数据绑定到插槽中。笔者将之前 render 选项小节中的示例代码改造了一下，用以演示这个特性的用法，改造后的代码如下：

```
<style>
  .btn {
```

```
      outline: none;
      border: none;
      cursor: pointer;
      padding: 5px 12px;
    }
    .btn-text {
      color: #409eff;
      background-color: transparent;
    }
    .btn-text:hover {
      color: #66b1ff;
    }
    .fly-table {
      width: 400px;
      text-align: left;
      line-height: 42px;
      border: 1px solid #eee;
      user-select: none;
    }
</style>
<div id="app">
  <h2>Fly Table Component</h2>
  <button
    class="btn btn-text"
    title="点击使数组倒序"
    @click="handleReverse">
    倒序
  </button>
  <fly-table
    :fields="fields"
    :goods="goods">
    <!-- 组件标签包裹着的内容将被分发 -->
    <!-- 思考下：是否可以在fly-table组件中直接书写这段代码？ -->
    <template slot-scope="{ row, col }">
      <span
        v-if="col.prop !== 'operate'">
          {{ row[col.prop] }}
        </span>
      <button
        class="btn btn-text"
        v-else
        @click="handleMarked(row)">
        切换标记
      </button>
    </template>
  </fly-table>
</div>
```

```
<script src="https://cdn.jsdelivr.net/npm/vue@2.5.16/dist/vue.min.
js"></script>
<script type="text/javascript">
  let FlyTable = {
    props: {  // 组件接收从父组件传入的数据
      fields: {
        type: Array,
        default () {
          return []
        }
      },
      goods: {
        type: Array,
        default () {
          return []
        }
      }
    },
    template: function () {
      return '<table class="fly-table">\n' +
        '    <tr>\n' +
        '      <th\n' +
        '        v-for="(col, cIndex) in fields"\n' +
        '        :key="cIndex">\n' +
        '        {{ col.label }}\n' +
        '      </th>\n' +
        '    </tr>\n' +
        '    <tr\n' +
        '      v-for="(row, rIndex) in goods"\n' +
        '      :key="rIndex"\n' +
        '      :style="{color: row.isMarked ? \'#ea4335\' : \'\'}">\n' +
        '      <td\n' +
        '        style="border-top: 1px solid #eee"\n' +
        '        v-for="(col, cIndex) in fields"\n' +
        '        :key="cIndex">\n' +
        // slot应写在子组件中，用于接收父组件分发的内容
        '        <slot :row="row" :col="col"></slot>\n' +
        '      </td>\n' +
        '    </tr>\n' +
        '  </table>'
    }()
  }
  // 声明 Vue 实例
  let vm = new Vue({
    el: '#app',
    components: { FlyTable },
    data () {
```

```
    return {
      fields: [
        {
          label: '名称',
          prop: 'name'
        },
        {
          label: '数量',
          prop: 'quantity'
        },
        {
          label: '价格',
          prop: 'price'
        },
        {
          label: '',
          prop: 'operate'
        }
      ],
      goods: [
        {
          name: '苹果',
          quantity: 200,
          price: 6.8,
          isMarked: false
        },
        {
          name: '西瓜',
          quantity: 50,
          price: 4.8,
          isMarked: false
        },
        {
          name: '榴莲',
          quantity: 0,
          price: 22.8,
          isMarked: false
        }
      ]
    }
  },
  methods: {
    handleReverse () {
      this.goods.reverse()
    },
    handleMarked (row) {
      row.isMarked = !row.isMarked
```

```
        }
      }
    })
</script>
```

笔者在这段代码中定义了 **fly-table** 组件，它接收 fields 和 goods 属性，用以动态显示表格数据。笔者在调用 fly-table 时，还提供了倒序数组的功能，并使用 slot-scope 根据数据的不同进行多态的视图渲染。显然，在改造之后，**fly-table** 组件的复用性更好。页面的初始视图如图 5.4 所示。

Fly Table Component

倒序

name	quantity	price	operate
苹果	200	6.8	标记
西瓜	50	4.8	标记
榴莲	0	22.8	标记

图 5.4　初始时的 fly-table

当点击"倒序"按钮后，页面如图 5.5 所示。

Fly Table Component

倒序

name	quantity	price	operate
榴莲	0	22.8	标记
西瓜	50	4.8	标记
苹果	200	6.8	标记

图 5.5　倒序后的 fly-table

当点击"标记"按钮后，页面如图 5.6 所示。

Fly Table Component

倒序

name	quantity	price	operate
榴莲	0	22.8	取消标记
西瓜	50	4.8	标记
苹果	200	6.8	标记

图 5.6　标记后的 fly-table

　　虽然我们可以在 fly-table 组件中直接书写条件渲染代码，并通过 $emit 和 v-on 处理事件，但笔者要重申的一点是，组件应该尽可能地满足可复用的原则，而不应过多地定制一些内容。我们应该尽可能多地使用一些 Vue 提供的功能和机制进行设计和开发，毕竟它本身就是一种最佳实践的集合。

5.1.3　组件的缓存

　　keep-alive 是一个抽象组件，即它既不渲染任何 DOM 元素，也不会出现在组件结构树中。我们可以使用它缓存一些非动态的组件实例（没有或不需要数据变化），以保留组件状态或减少重新渲染的开销。

　　keep-alive 应出现在组件被移除之后需要再次挂载的地方，比如使用动态组件时：

```
<keep-alive>
  <component :is="view"></component>
</keep-alive>
```

或者使用 v-if 时：

```
<keep-alive>
  <one v-if="isOne"></one>
  <two v-else></two>
</keep-alive>
```

它还可以接收 include 和 exclude 两个 props 属性：

- include 字符串或正则表达式。只有匹配的组件会被缓存。
- exlude 字符串或正则表达式。任何被匹配的组件将不会被缓存。

　　当组件在 keep-alive 内被切换时，它的 activated 和 deactivated 这两个生命周期钩子函数将会被执行。

5.2　过 渡 效 果

本节将介绍关于过渡效果的组件。当然，我们也可以使用原生的 CSS 或 JS 来实现这些动画效果，但 Vue 无疑提供了更简单和高效的方式。

5.2.1　单节点的过渡

Vue 提供了标签为 transition 的内置组件，在下列情形中，我们可以给任何元素和组件添加进入 / 离开时的过渡动画：

- 元素或组件初始渲染时
- 元素或组件显示 / 隐藏时（使用 v-if 或 v-show 进行条件渲染时）
- 元素或组件切换时

Vue 允许用户使用 CSS 和 JS 两种方式来定义过渡效果。

在使用 CSS 过渡时，我们需要预置符合 Vue 规则的带样式的类名，这些类名用于定义过渡不同阶段时的样式：

- v-enter：定义进入过渡的开始状态。在元素被插入前生效，被插入后的下一帧移除。
- v-enter-active：定义进入过渡生效时的状态。在整个进入过渡阶段中应用，在元素被插入之前生效，在过渡 / 动画完成之后移除。这个类可以用来定义进入过渡的过程时间、延迟和曲线函数等。
- v-enter-to：（Vue 2.1.8 及以上版本）定义进入过渡结束时的状态。在元素被插入后的下一帧生效（此时 v-enter 被移除），在过渡 / 动画完成之后移除。
- v-leave：定义离开过渡的开始状态。在离开过渡被触发时立刻生效，下一帧被移除。
- v-leave-active：定义离开过渡生效时的状态。在整个离开过渡的阶段中应用，在离开过渡被触发时立刻生效，在过渡 / 动画完成之后移除。这个类可以被用来定义离开过渡的过程时间、延迟和曲线函数。
- v-leave-to：（Vue 2.1.8 版及以上版本）定义离开过渡的结束状态。在离开过渡被触发之后下一帧生效 (此时 v-leave 被移除)，在过渡 / 动画完成之后移除。

当实例中存在多个不同的动画效果时，我们可以使用自定义前缀替换 v-，比如使用 slide-enter 替换 v-enter，不过这需要赋予 transition 元素 name 属性。

下面来看一个示例，代码如下：

```html
<style>
  /* 在此处声明过渡样式类，从一个状态过渡到另一个状态 */
  .v-enter,
  .v-leave-to {
    opacity: 0;
  }
  .v-enter-active,
  .v-leave-active {
    transition-property: opacity; /* 过渡属性 */
    transition-delay: 100ms;  /* 延迟 */
    transition-duration: 900ms; /* 过渡时长 */
    transition-timing-function: linear; /* 贝塞尔曲线（动画速度曲线） */
  }
  .rotate-enter,
  .rotate-leave-to {
    transform: rotateY(90deg);
  }
  .rotate-enter-active,
  .rotate-leave-active {
    transform-origin: left;
    transition: transform 1s linear;
  }
</style>
<div id="app">
  <button @click="isHidden = !isHidden">
    {{ isHidden ? '显示' : '隐藏' }}
  </button>
  <!-- 默认前缀的过渡 -->
  <transition>
    <p v-if="!isHidden">使用默认前缀的过渡</p>
  </transition>
  <!-- 自定义前缀的过渡，transitionName为变量 -->
  <transition :name="transtionName">
    <p v-if="!isHidden">使用rotate前缀的过渡</p>
  </transition>
</div>
<script src="https://cdn.jsdelivr.net/npm/vue@2.5.16/dist/vue.min.
js"></script>
<script type="text/javascript">
  // 声明 Vue 实例
  let vm = new Vue({
    el: '#app',
    data () {
      return {
        isHidden: true,
        transtionName: 'rotate'  // 如果在运行时，将transitionName改为v会怎样？
```

```
    }
  }
})
</script>
```

在这段代码中，笔者定义了两种过渡效果（渐入 / 渐出、旋转显示 / 旋转隐藏），并用到了默认前缀的类名和自定义前缀的类名。

笔者绘制了一张默认前缀的过渡示意图（见图 5.7），通过这张图，同学们可以来体会一下过渡执行的各种阶段和作用。

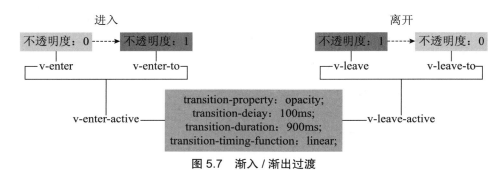

图 5.7　渐入 / 渐出过渡

由于动态效果无法演示，因此笔者截取了过渡执行中的一帧，如图 5.8 所示。

使用默认前缀的过渡

使用name属性可自定义类名的前缀

图 5.8　进出过渡时（transition）

除了 transition 之外，我们还可以使用 CSS 中的 animation，或者直接使用第三方动画库（如 Animate.css）来实现过渡动画。

Animate.css 是一款酷炫丰富的跨浏览器动画库，它在 GitHub 上的 star 数至今已有 5.2 万（详细内容可以在 GitHub 上查看）。借助于 Animate.css，我们可以用十分简短的代码来实现一个酷炫的动画效果，如：

```
<!-- 引入动画库 -->
<link
  rel="stylesheet"
   href="https://cdnjs.cloudflare.com/ajax/libs/animate.css/3.5.2/animate.
```

```
min.css">
<!-- animated标识要执行动画的元素，bounce标识所要执行的动画效果，此处为弹簧效果
-->
<h1 class="animated bounce">Example</h1>
```

由于这些动画库有着不同的类名规则，无法与 Vue 默认的类名规则配合使用，因此 Vue 为其提供了兼容方案，允许用户自定义过渡的类名，这些类名的优先级将高于默认的类名。

我们可以使用以下特性来自定义过渡类名：

- enter-class

- enter-active-class

- enter-to-class

- leave-class

- leave-active-class

- leave-to-class

下面来看一段示例代码：

```
<!-- 引入Animate.css动画库 -->
<link
  rel="stylesheet"
  href="https://cdnjs.cloudflare.com/ajax/libs/animate.css/3.5.2/animate.
min.css">
<!-- 引入Vue -->
<script src="https://cdn.jsdelivr.net/npm/vue@2.5.16/dist/vue.min.
js"></script>
<style>
  .inline-block {
    display: inline-block;
  }
  .rotate-enter-active {
    animation: selfRotateIn 1s;
  }
  .rotate-leave-active {
    animation: selfRotateOut 1s;
  }
  /* 命名避免与Animate.css冲突 */
  @keyframes selfRotateIn {
    0% {
      opacity: 0;
      transform: rotateZ(-180deg);
    }
    100% {
```

```
      opacity: 1;
      transform: rotateZ(0deg);
    }
  }
  @keyframes selfRotateOut {
    0% {
      opacity: 1;
      transform: rotateZ(0deg);
    }
    100% {
      opacity: 0;
      transform: rotateZ(180deg);
    }
  }
</style>
<div id="app">
  <button @click="isHidden = !isHidden">
    {{ isHidden ? '显示' : '隐藏' }}
  </button>
  <!-- 自定义的动画 -->
  <transition name="rotate">
    <span class="inline-block" v-if="!isHidden">自定义的动画</span>
  </transition>
  <!-- animate.css的动画 -->
  <transition
    name="custom"
    enter-active-class="animated rotateIn"
    leave-active-class="animated rotateOut">
    <span class="inline-block" v-if="!isHidden">animate.css动画</span>
  </transition>
</div>
<script type="text/javascript">
  // 声明 Vue 实例
  let vm = new Vue({
    el: '#app',
    data () {
      return {
        isHidden: true
      }
    }
  })
</script>
```

在这段代码中，笔者分别使用自定义动画和 Animate.css 动画库定义了过渡效果，进入 / 离开过渡的帧片段分别如图 5.9、图 5.10 所示。

图 5.9　进入过渡时（自定义动画与 Animate.css）

图 5.10　离开过渡时（自定义动画与 Animate.css）

在自定义动画时，笔者试图模拟 Animate.css 的 rotateIn 和 rotateOut，不过由于动画模式设置不够准确，两者的运行结果也略有些差别。

在开发中，使用进入过渡便可实现初始渲染时的过渡效果。除此之外，Vue 提供了专门的初始渲染过渡，这需要在 transition 元素上添加 appear 属性，不过 appear 过渡只支持自定义类名的过渡和 JS 过渡，用法如下：

```
<transition
  appear
  appear-class="custom-appear-class"
  appear-to-class="custom-appear-to-class"
  appear-active-class="custom-appear-active-class"
>
  <!-- ... -->
</transition>
```

还记得 Vue 的元素复用策略吗？Vue 为了高效地更新元素，会采用"就近复用"的策略。因此当我们需要隐藏 / 显示多个相邻的相同标签的元素时，并不一定所有的元素都会执行过渡，因为部分元素可能被复用了（被复用的元素不会进入 / 离开）。为了解决这个问题，我们需要赋予元素唯一 key 值，让 Vue 对元素进行跟踪。

反之，当元素的 key 值发生变化时，Vue 不会复用原有的元素，而将重建新的元素。根据这一特点，我们可以通过改变元素的 key 值来触发过渡动画，这常被用在元素切换时，示例代码如下：

```html
<style>
  .v-enter, .v-leave-to {
    opacity: 0;
  }
  .v-enter-active, .v-leave-active {
    transition: opacity 1s;
  }
</style>
<div id="app">
  <button @click="isMaster = !isMaster">切换身份</button>
  <transition>
    <!-- 此处只写了一个p标签 -->
    <p :key="isMaster ? 'master' : 'other'">{{ isMaster ? '大家好！' : '东家好！' }}</p>
  </transition>
</div>
<script src="https://cdn.jsdelivr.net/npm/vue@2.5.16/dist/vue.min.js"></script>
<script type="text/javascript">
  // 声明 Vue 实例
  let vm = new Vue({
    el: '#app',
    data () {
      return {
        isMaster: true
      }
    }
  })
</script>
```

页面初始只有一个 button 和一个 p 标签，当点击"切换身份"按钮时，过渡中的一帧如图 5.11 所示。

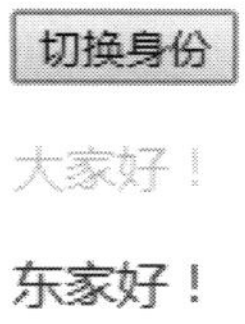

切换身份

大家好！

东家好！

图 5.11　通过改变元素 key 值触发进出过渡

奇怪，代码中明明只有一个 p 标签，可为什么页面上会有渐出和渐入的两个元素呢？由于在元素切换时，旧的元素要被隐藏，新的元素（由于 key 值改变，该元素是新建的）

要被显示，两者过渡都需要一定的时间，且 Vue 默认进入和离开同时发生，因此会出现两个元素同时存在的问题。

为了解决这一问题，Vue 提供了过渡模式：

- in-out：新元素先出现，之后旧元素隐藏
- out-in：旧元素先隐藏，之后新元素出现

用法如下：

```
<transition mode="out-in">
  <!-- 元素 -->
</transition>
```

笔者将上述示例中的代码稍微修改了一下，为 transition 元素加上过渡模式，改造后的代码如下：

```
<transition mode="out-in">
  <p :key="isMaster ? 'master' : 'other'">{{ isMaster ? '大家好！' : '东家好！' }}</p>
</transition>
```

此时再点击"切换身份"按钮，元素离开过渡的帧片段如图 5.12 所示。

图 5.12　离开过渡时（过渡模式）

元素进入过渡的帧片段如图 5.13 所示。

图 5.13　进入过渡时（过渡模式）

可以看到，在使用 out-in 过渡模式时，离开过渡完成后，进入过渡才开始执行。

同样，我们也可以在动态切换组件时使用过渡模式以实现平滑的过渡效果。

最后，关于 JS 过渡，笔者就不多描述了，同学们大致了解一下其用法即可：

```html
<script src="https://cdn.jsdelivr.net/npm/vue@2.5.16/dist/vue.min.
js"></script>
<div id="app">
  <button @click="isHidden = !isHidden">
    {{ isHidden ? '显示' : '隐藏' }}
  </button>
  <transition
    :before-enter="handleBeforeEnter"
    :enter="handleEnter"
    :after-enter="handleAfterEnter"
    :enter-cancelled="handleEnterCancelled"
    :before-leave="handleBeforeLeave"
    :leave="handleLeave"
    :after-leave="handleAfterLeave"
    :leave-cancelled="handleLeaveCancelled">
    <!-- 过渡元素 -->
  </transition>
</div>
<script type="text/javascript">
  // 声明 Vue 实例
  let vm = new Vue({
    el: '#app',
    data () {
      return {
        isHidden: true
      }
    },
    methods: {
      // Vue 提供了以下钩子函数，这些钩子函数也可以结合CSS过渡和动画使用
      handleBeforeEnter (el) {},
      handleEnter (el, done) {
        // 当只用JS过渡时，在enter和leave中必须使用done进行回调
        // 否则它们将被同步调用，过渡会立即完成
        done()
      },
      handleAfterEnter (el) {},
      handleEnterCancelled (el) {},
      handleBeforeLeave (el) {},
      handleLeave (el, done) {},
      handleAfterLeave (el) {},
      handleLeaveCancelled (el) {}
    }
```

```
  })
</script>
```

使用 JS 实现过渡效果并不常见，感兴趣的同学可以做一些小测试玩一玩。

5.2.2　多节点的过渡

关于单个节点的过渡已在上一小节中讲述。那如何为列表元素添加过渡效果呢？比如使用 v-for 列表渲染的元素？

在这里，transition 组件并不可用，Vue 提供了 transition-group 组件用以实现列表过渡，不同于 transition 的是：

- transition-group 将以真实元素呈现，默认为 span，也可以通过 tag 属性更换为其他元素
- 过渡模式不可用
- 内部元素必须提供唯一的 key 属性（就近复用会导致部分过渡失效）

下面来看一段示例代码：

```
<style>
  .list-enter, .list-leave-to {
    opacity: 0;
    transform: translateY(30px);
  }
  .list-enter-active,
  .list-leave-active {
    transition: all 1s linear;
  }
</style>
<div id="app">
  <button @click="addNewItem()">添加元素</button>
  <br>
  <transition-group name="list" tag="ul">
    <li
      v-for="item in list"
      :key="item">
      {{ item }}
    </li>
  </transition-group>
</div>
<script src="https://cdn.jsdelivr.net/npm/vue@2.5.16/dist/vue.min.
js"></script>
<script type="text/javascript">
  // 声明 Vue 实例
```

```
let vm = new Vue({
  el: '#app',
  data () {
    return {
      list: [0, 1, 2, 3, 4, 5, 6, 7, 8, 9]
    }
  },
  methods: {
    addNewItem () {
      this.list.push(this.list.length)
    }
  }
})
</script>
```

在这段代码中，笔者定义了从 0 到 3 的数组，并允许用户通过点击"添加元素"按钮来创建新的元素。当按钮被点击时，动画片段如图 5.14 所示。

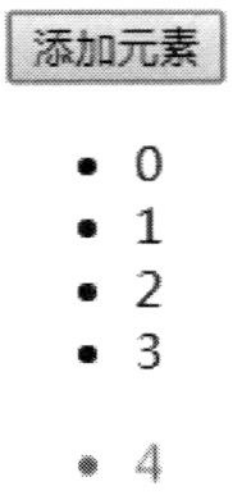

图 5.14   元素进入时的列表过渡

从图 5.14 中可以看到，新的元素正以进入过渡动画的方式显示。

除了用以实现进出动画之外，transition-group 还可以用于改变元素定位的动画，这需要用到 v-move 特性。v-move 动画效果的定义方式与 v-enter、v-leave 等一致，它可以帮助我们平滑地移动列表元素的位置。我们通过示例来体会一下，示例代码如下：

```
<style>
  .list-move { /* 定义过渡效果 */
    transition: transform 1s;
  }
</style>
<div id="app">
  <button @click="orderByRandom()">随机顺序</button>
  <br>
  <transition-group name="list" tag="ul">
```

```
      <li
        v-for="item in list"
        :key="item">
        {{ item }}
      </li>
    </transition-group>
  </div>
  <script src="https://cdn.jsdelivr.net/npm/vue@2.5.16/dist/vue.min.
  js"></script>
  <script type="text/javascript">
    // 声明 Vue 实例
    let vm = new Vue({
      el: '#app',
      data () {
        return {
          list: [0, 1, 2, 3, 4]
        }
      },
      methods: {
        orderByRandom () {   // 随机改变数组元素的位置
          let tmp = []   // 初始化新数组
          for (let i = 0; i < this.list.length; i++) {
            let num = Math.floor(Math.random() *  (this.list.length - 0.001))
  // 随机新元素
            // 当元素不在数组中时，将其加入到数组中
            let index = tmp.indexOf(num)
            while (index !== -1) {
                num = Math.floor(Math.random()  *  (this.list.length -
  0.001))
              index = tmp.indexOf(num)
            }
            tmp.push(num)
          }
          this.list = tmp   // 更改list为新的数组
        }
      }
    })
  </script>
```

在这段代码中，笔者声明了从 1 到 4 的数组，并定义了将其重新排序的方法，当点击"重新排序"按钮时，动画片段如图 5.15 所示。

片段的演示效果并不是很好，不过同学们可以把代码抄下来运行一下，以加深理解。

通过 transition-group 组件，我们可以为列表的任意变动添加动画效果，从而使我们的项目更加酷炫。

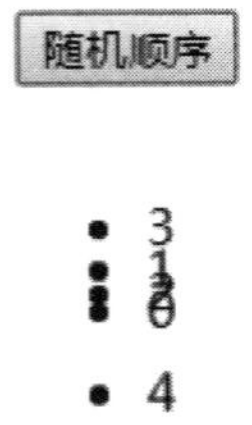

图 5.15　移动元素位置时的列表过渡

　　到这里，Vue 相关的基础知识就差不多讲完了。在下一章中，笔者将介绍有关 Vue 项目化的内容，希望同学们能够好好消化前面章节中的知识要点，毕竟只有基础打得牢靠，在实战中才会得心应手。

第6章　Vue 项目化

从本章开始，笔者将介绍一些使用 Vue 生态中其他成员进行项目开发的内容。这些内容是整个 Vue 生态中十分主流且核心的部分，不仅需要同学们能够看懂，还需要同学们在实战中能够得心应手地应用。当然，要想做到这些，需要同学们跟着教程进行操作和练习。

6.1　快速构建项目

当下潮流的做法一般采用前后端分离的方式进行 Web 架构，但同时也对前端开发环境的搭建提出了更高的要求。一个完整的前端开发环境应该具备预编译模板、注入依赖、合并压缩资源、分离开发和生产环境及提供一个模拟的服务端环境等功能。

对于初学者来说，能够理解这些概念的定义和应用已经十分不易，好在 Vue 为我们提供了项目的快速构建工具——Vue CLI。

6.1.1　Vue CLI简介

想起以前和朋友杂谈技术时，一个做 Ruby 的朋友说："Ruby on Rails 是一个非常强大的 Scaffolding（脚手架），用它一个小时就可以写个博客网站。"笔者心中暗自一惊，回去查了下这个"Scaffolding"单词，译为"脚手架"，但久久不能理解是什么意思，也不知"Ruby on Rails"到底是何方神圣。之后，偶然有次机会去学习一个"Ruby on Rails"的项目源码，才明白其意思。

Vue CLI 也是一个"脚手架"，使用它，5 分钟就可以搭建一个完整的 Vue 应用。Vue CLI 是 Vue 官方提供的构建工具，可用于快速搭建一个带有热重载（在代码修改后不必刷新页面即可呈现修改后的效果）、lint 代码语法检测及构建生产版本等功能的单页面应用。

上面的内容牵扯到很多概念，初次接触的同学也不必担心，没有必要对其刨根究底：一是它们往往只是作为一个名词，用于沟通而已，我们只需要理解其作用和用法；二是它们往往太过抽象，需要结合实例进行理解。

下面笔者将演示如何使用 Vue CLI 快速构建一个 Vue 项目。

6.1.2　使用Vue CLI构建项目

1. 打开控制台，输入：

```
cnpm install vue-cli -g
```

安装 Vue CLI，尚未安装 cnpm 的同学可以输入：

```
npm install cnpm -g --registry=https://registry.npm.taobao.org
```

用来安装国内淘宝镜像源的 cnpm。

在命令执行结束之后，输入：

```
vue --version
```

如果控制台打印出版本号，即表示安装成功。

2. 在项目所要放置的文件目录下打开控制台，输入：

```
vue init webpack my-project
```

初始化项目（此处的 my-project 为项目名称）。

3. 在模板下载完成后，Vue CLI 将引导我们进行项目配置，笔者的配置如图 6.1 所示。

```
F:\>vue init webpack my-project

? Project name my-project
? Project description A Vue.js project
? Author lonelydawn <lonelydawn@sina.com>
? Vue build (Use arrow keys)
? Vue build standalone
? Install vue-router? Yes
? Use ESLint to lint your code? Yes
? Pick an ESLint preset Standard
? Set up unit tests No
? Setup e2e tests with Nightwatch? No
? Should we run `npm install` for you after the project has been created? (recom

mended) no

   vue-cli · Generated "my-project".

# Project initialization finished!
# ========================

To get started:

  cd my-project
  npm install (or if using yarn: yarn)
  npm run lint -- --fix (or for yarn: yarn run lint --fix)
  npm run dev

Documentation can be found at https://vuejs-templates.github.io/webpack
```

图 6.1　Vue CLI 项目初始化配置

其中，"Set up unit tests"和"Setup e2e tests with Nightwatch"选择"no"，这部分内容与 Vue 没有直接关系，这里不予探讨。最后一项也选择"no"是因为 npm 的镜像源在国外，安装依赖的速度缓慢且容易出错，笔者建议使用 cnpm 安装依赖。

4. 输入：

```
cnpm install
```

安装项目依赖。

5. 输入：

```
npm start
```

构建项目的开发版本，并启动 webpack-dev-server。

此时，在浏览器地址栏输入 http：//localhost：8080 即可访问项目，项目页面如图 6.2 所示。

Welcome to Your Vue.js App

Essential Links

Core Docs   Forum   Community Chat   Twitter
Docs for This Template

Ecosystem

vue-router   vuex   vue-loader   awesome-vue

图 6.2　Vue CLI 项目初始页面

6. 之后，另开一个控制台，输入：

```
npm run build
```

构建项目的生产版本。

6.1.3　项目目录介绍

打开初始化后的项目目录，可以发现里面已经存在一些文件和文件夹，如图 6.3 所示。

build	2018/7/12 16:41	文件夹	
config	2018/7/12 16:41	文件夹	
dist	2018/7/12 17:20	文件夹	
node_modules	2018/7/12 17:05	文件夹	
src	2018/7/12 16:41	文件夹	
static	2018/7/12 16:41	文件夹	
.babelrc	2018/7/12 16:41	BABELRC 文件	1 KB
.editorconfig	2018/7/12 16:41	EDITORCONFIG ...	1 KB
.eslintignore	2018/7/12 16:41	ESLINTIGNORE ...	1 KB
.eslintrc.js	2018/7/12 16:41	JScript Script 文件	1 KB
.gitignore	2018/7/12 16:41	文本文档	1 KB
.postcssrc.js	2018/7/12 16:41	JScript Script 文件	1 KB
index.html	2018/7/12 16:41	HTML 文件	1 KB
package.json	2018/7/12 16:41	JSON 文件	3 KB
README.md	2018/7/12 16:41	MD 文件	1 KB

图 6.3   Vue CLI 项目初始目录

目录主要内容的介绍如表 6.1 所示。

表 6.1   Vue CLI 项目初始目录

名　　称	说　　明
build	开发和生产版本的构建脚本
config	开发和生产版本的部分构建配置
dist	由 npm run build 生成；项目的生产版本；项目完成后，交付该文件夹即可
src	项目开发的关键资源目录和主要工作空间
static	静态资源（如使用 JS 赋值图片的 src 时，该图片资源应放在 static 下）
.babelrc	babel 的配置文件（babel，下一代 JS 的预编译器）
.eslintignore	ESLint 代码语法检测的配置文件（应忽略的语法格式）
.eslintrc.js	ESLint 代码语法检测的配置文件（应规范的语法格式）
.gitignore	应被 Git 版本控制工具忽略的文件
index.html	应被 webpack 注入资源的模板 HTML 文件

之后使用编辑器（笔者使用的是 WebStorm）打开项目，查看 src 文件夹下的内容，目录如图 6.4 所示。

图 6.4   src 文件夹下的内容

其中，assets 文件夹用于存放图片、音频、视频等资源；components 文件夹用于存放我们开发的单文件组件；router/index.js 用于配置项目的前端路由（用到了 Vue Router）；App.vue 是 Vue CLI 为我们默认创建的项目的根组件；main.js 则是 webpack 的入口文件。

下面，我们先来看一下 App.vue、main.js 中的内容。

App.vue 中的代码如下：

```html
<template>
  <div id="app">
    <img src="./assets/logo.png">
    <!-- Vue Router的路由视图区 -->
    <router-view/>
  </div>
</template>

<script>
export default {
  name: 'App'
}
</script>

<style>
#app {
  font-family: 'Avenir', Helvetica, Arial, sans-serif;
  -webkit-font-smoothing: antialiased;
  -moz-osx-font-smoothing: grayscale;
  text-align: center;
  color: #2c3e50;
  margin-top: 60px;
}
</style>
```

- 这是一个单文件组件，包含 HTML、JS 和 CSS 三个部分。显然，Vue CLI 采用关注点分离的开发方式，这种开发方式使得组件的内聚性更强，也更适合于组件化的开发。
- script 标签中的内容为 Vue 组件；template 标签中的内容为组件的 DOM 结构；style 标签中的内容为 CSS 样式表（在被赋予 scoped 属性之后，样式表的作用域仅限在当前组件中）。
- export 和 import 是 ECMAScript 6 语法中用于模块化管理的两个关键字，这里使用 export 导出 Vue 组件以供外部调用。

main.js 中的代码如下：

```
// The Vue build version to load with the `import` command
// (runtime-only or standalone) has been set in webpack.base.conf
with an alias.
import Vue from 'vue'
import App from './App'
import router from './router'

Vue.config.productionTip = false

/* eslint-disable no-new */
new Vue({
  el: '#app',
  router,
  components: { App },
  template: '<App/>'
})
```

- 这里使用 import 引入全局的 Vue 对象、App 组件和 Vue Router 的配置。之后，创建了一个 Vue 实例，并将 App 组件和 router 注册到实例中。
- 注释 /*eslint-disable no-new*/ 用于告诉 eslint 忽略此处对 new 关键字的检测。

在 main.js 中，实例的 el 选项绑定了 id 为 app 的 DOM 元素。可这个元素在哪里呢？似乎 App 组件中有个 id 为 app 的 div 元素，是这个吗？

下面来看一下根目录（my-project）下 index.html 中的代码：

```
<!DOCTYPE html>
<html>
  <head>
    <meta charset="utf-8">
    <meta name="viewport" content="width=device-width,initial-scale=1.0">
    <title>my-project</title>
  </head>
  <body>
    <div id="app"></div>
    <!-- built files will be auto injected -->
  </body>
</html>
```

由于 App 组件是被注册在实例中的（作为实例的子组件），那么 App 组件中的元素当然不可能作为实例的挂载元素。那么，实例最终是被挂载在 index.html 中的 div 元素上吗？其实也不是。

Vue CLI 会将所有编译整理好的资源路径注入到以 index.html 为模板的镜像中，被注入后的镜像即生产版本中项目的入口文件，也就是 dist 文件目录下的 index.html，这里的元素才是实例最终被挂载的地方。

在 src 文件目录下，还有一个重要的文件——使用 Vue Router 配置的 router/index.js。有关 Vue Router 的内容，笔者将放到下一小节中进行讲述。

6.2　前　端　路　由

路由这个概念首先出现在后台。传统 MVC 架构的 web 开发，由后台设置路由规则，当用户发送请求时，后台根据设定的路由规则将数据渲染到模板中，并将模板返回给用户。因此，用户每进行一次请求就要刷新一次页面，十分影响交互体验。

AJAX 的出现则有效解决了这一问题。AJAX（Asynchronous Javascript And Xml），浏览器提供的一种技术方案，采用异步加载数据的方式以实现页面局部刷新，极大提升了用户体验。

而异步交互体验的更高版本就是 SPA——单页面应用，不仅页面交互无刷新，甚至页面跳转也可以无刷新，前端路由随之应运而生。

6.2.1　前端路由的简单实现

广义上的前端路由是指前端根据 URL 来分发视图，现有两个核心操作：一是需要监听浏览器地址的变化；二是需要动态加载视图。

笔者分别使用 Vue 和原生的 JS 来模拟实现，并用 Node.js 创建服务端文件，服务端文件 app.js 的代码如下：

```
const http = require('http')  // http模块
const fs = require('fs')  // 文件处理模块
const hostName = '127.0.0.1'
const port = 3000
const server = http.createServer(function (req, res) {  // 创建http服务
  let content = fs.readFileSync('index.html')  // 读取文件
  res.writeHead(200, {  // 设置响应内容类型
    'content-type': 'text/html;charset="utf-8"'
  })
  res.write(content)  // 返回index.html文件内容
  res.end()
})
server.listen(port, hostName, function () {  // 启动服务监听
```

```
console.log(`Server is running here: http://${hostName}:${port}`)
})
```

这段代码用到了 Node 的 http 和 fs 模块，用以创建一个可以返回 index.html 页面的服务。想要启动服务，首先要到 Node 官网下载安装 Node 客户端（推荐使用 node 8.11.3 长期稳定版），之后在文件所处目录下输入命令：

```
node app.js  // node + 文件名
```

当控制台显示"Server is running here http：//127.0.0.1: 3000"时，即表示服务启动成功。下面来看一下使用 Vue 实现前端路由的代码（index.html）：

```html
<script src="https://cdn.jsdelivr.net/npm/vue@2.5.16/dist/vue.js"></script>
<div id="app">
    <ul>
        <li><router-link to="/">Home</router-link></li>
        <li><router-link to="/about">About</router-link></li>
    </ul>
    <router-view></router-view>
</div>
<script type="text/javascript">
  let Home = {
    template: '<h1>This is Home!</h1>'
  }
  let About = {
    template: '<h1>This is About!</h1>'
  }
  let routes = [   // 定义路由规则
    {
      path: '/',
      component: Home
    },
    {
      path: '/about',
      component: About
    }
  ]
  let RouterLink = {
    props: ['to'],
    template: '<a :href="to"><slot name="default"></slot></a>'
  }
  let RouterView = {
    data () {
      return {
        url: window.location.pathname  // 获取浏览器地址
```

```
    }
  },
  computed: {
    ViewComponent () {   // 根据浏览器地址返回相应组件
      return routes.find(route => route.path === this.url).component
    }
  },
  render (h) {
    return h(this.ViewComponent)
  }
}
/* eslint-disable */
let vm = new Vue({
  el: '#app',
  components: { RouterLink, RouterView }
})
</script>
```

在这段代码中，笔者声明了 Home、About、RouterLink 和 RouterView 四个组件。Home 和 About 为待分发的视图组件；RouterLink 为触发视图切换的组件；RouterView 为挂载动态视图的组件。之后，笔者在 vm 实例中通过监测 window.location.pathname 的变化来动态分发视图。

这种方式虽然实现了前端路由，但其实视图切换还是由页面刷新来执行，这并不是一个单页面应用。

使用原生 JS 实现前端路由的代码如下（index.html）：

```
<div>
  <ul>
    <li><a href="#/">Home</a></li>
    <li><a href="#/about">About</a></li>
  </ul>
  <!-- 动态视图被挂载的元素 -->
  <div id="view"></div>
</div>
<script type="text/javascript">
  let Home = '<h1>This is Home!</h1>'  // 视图模板Home
  let About = '<h1>This is About!</h1>'  // 视图模板About
  let Router = function (el) {  // 定义路由类
    let view = document.getElementById(el)
    let routes = []  // 路由规则列表
    let load = function (route) {  // 加载视图
      route && (view.innerHTML = route.template)
    }
    let redirect = function () {  // 分发视图
```

```
    let url = window.location.hash.slice(1) || '/'
    for (let route of routes) {
      url === route.url && load(route)
    }
  }
  this.push = function (route) {  // 添加路由规则
    routes.push(route)
  }
  window.addEventListener('load', redirect, false)  // 页面加载时
  window.addEventListener('hashchange', redirect, false)  // URL变化时
}
let router = new Router('view')  // 实例化路由
router.push({  // 添加路由规则
  url: '/',
  template: Home
})
router.push({
  url: '/about',
  template: About
})
</script>
```

在这段代码中，笔者为浏览器的内置对象 window 在页面加载和 URL 变化时添加了监听器，用来以分发视图。细心的同学可以发现，笔者在 a 标签的 href 中写入了"#"符号，这个符号可以阻止页面刷新（实现了单页面应用），但也会在 URL 中加入该符号，因此笔者在 redirect 函数中并没有直接取 window.location.hash 的值，而是先用 slice（1）将"#"去掉。

两种实现方法的运行结果的初始页面均如图 6.5 所示。

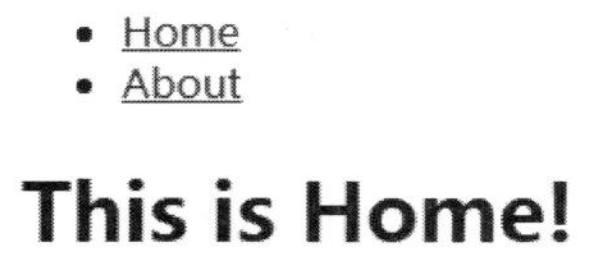

- Home
- About

This is Home!

图 6.5　前端路由的简单实现（1）

当点击 About 链接时，页面如图 6.6 所示。

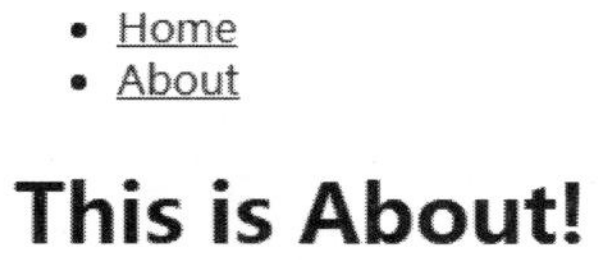

- Home
- About

This is About!

图 6.6　前端路由的简单实现（2）

虽然两种实现的视图表现看似相同，但其实结果却大相径庭，同学们可以结合实例体会一下。

6.2.2　Vue中的前端路由

Vue Router 是 Vue.js 官方提供的路由管理器，它与 Vue.js 的核心深度集成，且随着 Vue.js 版本的更新而更新，致力于简化单页面应用的构建。

Vue Router 的功能十分强大，笔者无意枚举一些抽象的概念，下面笔者将通过几个简单的示例（需要运行在服务端上）来演示一下它的用法。

1. 基础路由

```html
<script src="https://unpkg.com/vue/dist/vue.js"></script>
<script src="https://unpkg.com/vue-router/dist/vue-router.js"></script>
<div id="app">
  <ul>
    <li><router-link to="/">Home</router-link></li>
    <li><router-link to="/about">About</router-link></li>
  </ul>
  <router-view></router-view>
</div>
<script type="text/javascript">
  let Home = { template: '<h1>This is Home!</h1>' }  // Home组件
  let About = { template: '<h1>This is About!</h1>' }  // About组件
  let routes = [   // 定义路由规则，每一个路由规则应该映射一个视图组件
    { path: '/', component: Home },
    { path: '/about', component: About }
  ]
  let router = new VueRouter({  // 创建Vue Router实例，并传入routes配置
    routes
  })
  let app = new Vue({
    router
  }).$mount('#app')
</script>
```

RouterLink 和 RouterView 是 Vue Router 提供的两个内置组件。RouterLink 默认会被渲染成一个 <a> 标签，它的 to 属性用于指定跳转链接；RouterView 将负责挂载路由匹配到的视图组件。

2. 动态路由

```html
<script src="https://unpkg.com/vue/dist/vue.js"></script>
<script src="https://unpkg.com/vue-router/dist/vue-router.js"></script>
<div id="app">
  <ul>
    <li><router-link to="/">Home</router-link></li>
    <li @click="add">
      <!-- 2．参数num由实例传入路由 -->
      <router-link :to="'/about/' + num">About</router-link>
    </li>
  </ul>
  <router-view></router-view>
</div>
<script type="text/javascript">
  let Home = { template: '<h1>This is Home!</h1>' }  // Home组件
  let About = {  // About组件
    template: '<div>' +
    '<h1>This is About!</h1>' +
    '<p>num: {{ $route.params.num }}</p>' + //  3．在组件中显示参数 num
    '</div>'
  }
  let routes = [  // 定义路由规则，每一个路由规则应该映射一个视图组件
    { path: '/', component: Home },
    { path: '/about/:num', component: About }  // 1．定义了参数 num，格式如：
/:num
  ]
  let router = new VueRouter({  // 创建Vue Router实例，并传入routes配置
    routes
  })
  let app = new Vue({
    data () {
      return { num: 0 }
    },
    methods: {  // 当点击About时，num值自增1
      add () { this.num++ }
    },
    router
  }).$mount('#app')
</script>
```

我们可以使用动态路由参数将匹配某种模式的所有路由映射到同一个组件（致敬
RESTful）。比如，上述示例中，Vue Router 将所有匹配 /about/:num 的路径全都映射到
About 组件中（见图 6.7），并将 num 作为组件中的一个参数。

图 6.7　动态路径路由

路径参数应用英文冒号"："标记，但是在使用时应注意设计的规则是否合理，比如：

```
routes: [
    { path: '/:any', component: Home}   // 可以匹配路径为/about的路由，"about"
将作为any的值
]
```

将会把所有路径都匹配到 Home 组件中。

当动态路径被匹配时，我们可以在组件中使用 this.$route.params 来获取参数的值。

3. 嵌套路由

```
<script src="https://unpkg.com/vue/dist/vue.js"></script>
<script src="https://unpkg.com/vue-router/dist/vue-router.js"></script>
<div id="app">
  <ul>
    <li><router-link to="/">Home</router-link></li>
    <li>
      <div><router-link to="/about">About</router-link></div>
      <ul>
        <!-- 3. 使用嵌套路由 -->
        <li><router-link to="/about/author">About - Author</router-link></li>
        <li><router-link to="/about/email">About - Email</router-link></li>
      </ul>
    </li>
  </ul>
  <router-view></router-view>
</div>
<script type="text/javascript">
  let Home = { template: '<h1>This is Home!</h1>' } // Home组件
  let About = {  // About组件
    template: '<div>' +
    '<h1>This is About!</h1>' +
    '<router-view></router-view>' +  // 1. 嵌套的动态视图区
    '</div>'
  }
  let Author = { template: '<p>Author: lonelydawn</p>' } // Author组件
```

```
  let Email = { template: '<p>Email: lonelydawn@sina.com</p>' }  // Email
组件
  let routes = [  // 定义路由规则，每一个路由规则应该映射一个视图组件
    { path: '/', component: Home },
    {
      path: '/about',
      component: About,
      children: [  // 2. 嵌套子路由
        { path: 'author', component: Author },
        { path: 'email', component: Email }
      ]
    }
  ]
  let router = new VueRouter({  // 创建Vue Router实例，并传入routes配置
    routes
  })
  let app = new Vue({
    router
  }).$mount('#app')
</script>
```

- 嵌套路由可以实现在动态视图中嵌套动态视图。
- 这里有个问题，多层的动态视图是否可以使用 Vue 的内置组件 component 来实现呢？当然可以。不过使用 component 切换的视图会在页面刷新后回到初始状态，而使用路由分发的视图在页面刷新后会保持当前路径对应的视图，并在浏览器的 history 中留下记录。

4. 编程式路由

```
<script src="https://unpkg.com/vue/dist/vue.js"></script>
<script src="https://unpkg.com/vue-router/dist/vue-router.js"></script>
<div id="app">
  <ul>
    <!-- 默认字符串为路径参数 -->
    <li @click="redirectByPath('/')">Home</li>
    <li>
      <!-- 指定参数为路径 -->
      <div @click="redirectByPath('/about')">About</div>
      <ul>
        <!-- 嵌套路由-->
        <li @click="redirectByPath('/about/author')">About - Author</li>
        <!-- 嵌套路由，动态路由，当使用path时，params参数不生效 -->
        <li @click="redirectByPath('/about/email', { email: lonelydawn@
sina.com' })">About - Email</li>
```

```html
        <!-- 嵌套路由，动态路由，可以直接将参数写入path -->
        <li @click="redirectByPath('/about/email/lonelydawn@sina.com')">About
- Email</li>
        <!-- 嵌套路由，动态路由，使用命名路由跳转视图 -->
        <li @click="redirectByName('Email', { email: 'singledawn@sina.
com' })">About - Email</li>
      </ul>
    </li>
  </ul>
  <router-view></router-view>
</div>
<script type="text/javascript">
  let Home = { template: '<h1>This is Home!</h1>' } // Home组件
  let About = {  // About组件
    template: '<div>' +
    '<h1>This is About!</h1>' +
    '<router-view></router-view>' +  // 嵌套的动态视图区
    '</div>'
  }
  let Author = { template: '<p>Author: lonelydawn</p>' }
  let Email = { template: '<p>Email: {{ $route.params.email }}</p>' }
  let routes = [  // 定义路由规则，每一个路由规则应该映射一个视图组件
    { path: '/', component: Home },
    {
      path: '/about',
      component: About,
      children: [  // 嵌套子路由
        { name: 'Author', path: 'author', component: Author },
        { name: 'Email', path: 'email/:email', component: Email }
      ]
    }
  ]
  let router = new VueRouter({  // 创建Vue Router实例，并传入routes配置
    routes
  })
  let app = new Vue({
    methods: {
      redirectByPath (path, params) {
        this.$router.push({ path, params })
      },
      redirectByName (name, params) {
        this.$router.push({ name, params })
      }
    },
    router
  }).$mount('#app')
</script>
```

- 这里并没有使用 RouterLink 组件，而是在 JS 中使用 router.push 方法跳转视图。
- 我们可以通过路由的 path 跳转视图，还可以赋予路由 name 属性，然后通过 name 跳转视图。
- 动态参数应放在 params 中，当使用 path 时，params 参数不生效，此时应将参数值直接写进 path 中。

5. 使用 Vue CLI 快速构建的项目中的 router/index.js

```
import Vue from 'vue'
import Router from 'vue-router'
import HelloWorld from '@/components/HelloWorld'

Vue.use(Router)

export default new Router({
  routes: [
    {
      path: '/',
      name: 'HelloWorld',
      component: HelloWorld
    }
  ]
})
```

- 这里使用 Vue.use 安装 Vue Router 插件。
- 这里使用 export 返回路由规则。默认只有当路径为"/"时，渲染 HelloWorld 组件。

关于 Vue Router 的知识点有很多，笔者在这里并没有一一列举，而是介绍了其最常见的几种用法。实际上，掌握这些已经能在实战中应对大部分的情况。想要深入研究的同学可以查阅官网文档，并欢迎随时通过邮件与笔者进行交流。

6.3　状 态 管 理

对于小型应用来说，完全没有必要引入状态管理，因为这会带来更多的开发成本。然而当应用的复杂度逐渐提高，状态管理也越发重要起来。

对于组件化开发来说，大型应用的状态往往跨越多个组件。在多层嵌套的父子组件之间传递状态已经十分麻烦，而 Vue 更是没有为兄弟组件提供直接共享数据的办法。基于这个问题，许多框架提供了解决方案——使用全局的状态管理器，将所有分散的共享数据交由状态管理器保管，Vue 也不例外。

Vue 官网提供的状态管理器名为 Vuex，本节将介绍有关 Vuex 的概念与用法。

6.3.1 对象引用

在了解 Vuex 之前，我们先来看一下对象引用的概念。

下面这两段代码将输出什么？（先不要看答案，自己思考一下）

```
// 代码1
let state = {
  msg: 'welcome'
}
let copy = state
state.hello = "world"
console.log(Object.keys(copy)) // Object.keys用于获取对象的键名
// 代码2
let state = {
  msg: "welcome"
}
let copy = state
state = {
  hello: "world"
}
console.log(Object.keys(copy))
```

答案如下：

```
//-> ["msg", "hello"]
//-> ["msg"]
```

在代码 1 中，当 state 对象被定义时，浏览器会为其分配一个地址；当使用 state 赋值 copy 对象时，copy 将引用 state 的地址。因此，当 state 改变时，copy 也随之改变。

在代码 2 中，笔者在为 copy 引用 state 的地址之后，重新定义了 state 对象。此时，state 将引用一个新的地址，而 copy 仍引用原来的地址，所以 copy 并无任何变化。

理解了这个概念，将对我们学习和使用 Vuex 大有裨益。

6.3.2 状态管理器Vuex

Vuex，用于管理分散在 Vue 各个组件中的数据。

每一个 Vuex 应用的核心都是一个 store（仓库），你也可以理解它是一个"非凡的全局对象"。与普通的全局对象不同的是，基于 Vue 数据与视图绑定的特点，当 store 中的状态发生变化时，与之绑定的视图也会被重新渲染。

这是一个单向的过程，因为 store 中的状态不允许被直接修改。改变 store 中的状态的唯一途径就是显式地提交（commit）mutation，这可以让我们方便地跟踪每一个状态的变化。（在大型复杂应用中，如果无法有效地跟踪到状态的变化，将会对理解和维护代码带来极大的困扰。假如你能很好地理解使用 Vuex 进行状态管理的缘由，你就应该尽力遵循"显式"的原则，即使你可以跳过这个过程。）

Vuex 中有 5 个重要的概念：State、Getter、Mutation、Action、Module。

State 用于维护所有应用层的状态，并确保应用只有唯一的数据源（SSOT，Single Source of Truth）。

State 的用法如下：

```
new Vuex.Store({  // 创建仓库
  state: {
    count: 1
  }
})
```

在组件中，我们可以直接使用 $store.state.count（前提是 store 已被注册到实例中），也可以先用 mapState 辅助函数将其映射下来，代码如下：

```
import { mapState } from 'vuex'
export default {
  computed: {
    ...mapState(['count'])  // ...是ES6中的对象展开运算符
  }
}
```

Getter 维护由 State 派生的一些状态，这些状态随着 State 状态的变化而变化。与计算属性一样，Getter 中的派生状态在被计算之后会被缓存起来，当重复调用时，如果被依赖的状态没有变化，那么 Vuex 不会重新计算派生状态的值，而是直接采用缓存值。

Getter 的用法如下：

```
new Vuex.Store({  // 创建仓库
  state: {
    count: 1
  },
  getters: {
    tenTimesCount (state) {  // Vuex为其注入state对象
      return state.count * 10
    }
  }
})
```

在组件中，我们可以直接使用 $store.getters.tenTimesCount，也可以先用 mapGetters 辅助函数将其映射下来，代码如下：

```
import { mapGetters } from 'vuex'
export default {
  computed: {
    ...mapGetters(['tenTimesCount']) // ...是ES 6中的对象展开运算符
  }
}
```

Mutation 提供修改 State 状态的方法。

Mutation 的用法如下：

```
new Vuex.Store({  // 创建仓库
  state: {
    count: 0
  },
  mutations: {
    addCount (state, num) {
      state.count += num || 1
    }
  }
})
```

在组件中，我们可以直接使用 store.commit 来提交 mutation，代码如下：

```
methods: {
  addCount () {
    this.$store.commit('addCount')  // store被注入到Vue实例中后可使用this.$store
  }
}
```

也可以先用 mapMutation 辅助函数将其映射下来，代码如下：

```
import { mapState, mapMutations } from 'vuex'
export default {
  computed: {
    ...mapState(['count'])  // ...是ES 6中的对象展开运算符
  },
  methods: {
    ...mapMutations(['addCount']),
    ...mapMutations({  // 为mutation赋别名，注意冲突，此方法不常用
      increaseCount: 'addCount'
    })
  }
}
```

Action 类似 Mutation，不同在于：

- Action 不能直接修改状态，只能通过提交 mutation 来修改。
- Action 可以包含异步操作。

Action 的用法如下：

```
new Vuex.Store({  // 创建仓库
  state: {
    count: 0
  },
  mutations: {
    addCount (state, num) {
      state.count += num || 1
    }
  },
  actions: {
    // context具有和store实例相同的属性和方法
    // 可以通过context获取state和getters中的值，或者提交mutation和分发其他的action
    addCountAsync (context, num) {
      setInterval(function () {
        if (context.state.count < 2000) {
          context.commit('addCount', num || 100)
        }
      }, num || 100)
    }
  }
})
```

在组件中，我们可以直接使用 store.dispatch 来分发 action，代码如下：

```
methods: {
  addCountAsync (num) {
    this.$store.dispatch('addCountAsync', num)
  }
}
```

或者使用 mapActions 辅助函数先将其映射下来，代码如下：

```
import { mapState, mapActions } from 'vuex'
export default {
  computed: {
    ...mapState(['count'])  // ...是ES 6中的对象展开运算符
  },
  methods: {
    ...mapActions(['addCountAsync']),
    ...mapActions({  // 为action赋别名，注意冲突，此方法不常用
      increaseCountAsync: 'addCountAsync'
    })
  }
}
```

由于使用单一状态树，当项目的状态非常多时，store 对象就会变得十分臃肿。因此，Vuex 允许我们将 store 分割成模块（Module），每个模块拥有独立的 State、Getter、Mutation 和 Action，模块之中还可以嵌套模块，每一级都有着相同的结构。

Module 的用法如下：

```
// 定义模块
const counter = {
  namespaced: true,   // 定义为独立的命名空间
  state: {
    count: 0
  },
  getters: {
    // 在模块中，计算方法还会具有rootState、rootGetters参数以获取根模块中的数据
    tenTimesCount (state, getters, rootState, rootGetters) {
      console.log(state, getters, rootState, rootGetters)
      return state.count * 10
    }
  },
  mutations: {
    addCount (state, num) {
      state.count += num || 1
    }
  },
  actions: {
    // context具有和store实例相同的属性和方法
    // 可以通过context获取state和getters中的值，或者提交mutation，分发action
    // 在模块中，context还会具有rootState和rootGetters属性以获取根模块中的数据
    addCountAsync (context, num) {
      setInterval(function () {
        if (context.state.count < 2000) {
          context.commit('addCount', num || 100)
        }
      }, num || 100)
    }
  }
}
// 创建仓库
new Vuex.Store({
  modules: {   // 注册模块
    counter
  }
})
```

在组件中，模块的使用方法如下：

```
import { mapState, mapGetters, mapMutations, mapActions } from 'vuex'
export default {
```

```
computed: {
  // 辅助函数的第一个参数为模块的名称
  ...mapState('counter', ['count']),
  ...mapGetters('counter', ['tenTimesCount'])
},
methods: {
  ...mapMutations('counter', ['addCount']),
  ...mapActions('counter', ['addCountAsync'])
}
}
```

最后，结合 Vuex 用于管理分散在各个组件中的状态和追踪状态变更的初衷，笔者简单总结了一下这些概念。作为一个状态管理器，首先要有保管状态的容器——State；为了满足衍生数据和数据链的需求，从而有了 Getter；为了可以"显式地"修改状态，所以需要 Mutation；为了可以"异步地"修改状态（满足 AJAX 等异步数据交互），所以需要 Action；最后，如果应用有成百上千个状态，放在一起会显得十分庞杂，所以分模块管理（Module）也是必不可少的。

Vuex 的用法如上，应该并不难理解。那么如何将 Vuex 集成到项目中呢？笔者将在下一小节中进行介绍。

6.3.3　在项目中使用Vuex

首先，我们打开之前构建好的项目 my-project，在命令行中输入：

```
cnpm install vuex --save-dev
```

安装插件。

之后，在 src 目录下创建 store、store/index.js、store/modules、store/modules/counter. js，创建好的文件路径如图 6.8 所示。

图 6.8　集成 Vuex 的文件目录

其中，store 是我们进行 Vuex 仓库开发的工作目录，store/index.js 是仓库的输出文件，store/modules 目录用于放置各个模块，store/modules/counter.js 文件是一个加数器模块。

store/modules/counter.js 中的代码如下：

```
export default {
  namespaced: true,  // 定义为独立的命名空间
  state: {
    count: 0
  },
  getters: {
    // 在模块中，计算方法还会具有rootState、rootGetters参数以获取根模块中的数据
    tenTimesCount (state, getters, rootState, rootGetters) {
      console.log(state, getters, rootState, rootGetters)
      return state.count * 10
    }
  },
  mutations: {
    addCount (state, num) {
      state.count += num || 1
    }
  },
  actions: {
    // context具有和store实例相同的属性和方法
    // 可以通过context获取state和getters中的值，或者提交mutation，分发action
    // 在模块中，context还会具有rootState和rootGetters属性以获取根模块中的数据
    addCountAsync (context, num) {
      setInterval(function () {
        if (context.state.count < 2000) {
          context.commit('addCount', num || 100)
        }
      }, num || 100)
    }
  }
}
```

store/index.js 中的代码如下：

```
import Vue from 'vue'
import Vuex from 'vuex'
import counter from './modules/counter'  // 引入加数器模块

Vue.use(Vuex)  // 安装插件

export default new Vuex.Store({  // 实例化Vuex仓库
  modules: {
    counter
  }
})
```

在这两个文件中，笔者实例化了一个 Vuex 仓库并构建了一个加数器模块。之后，我们要在 Vue 实例中引入这个仓库，这还需要修改两个文件：webpack 的入口文件 main.js 和单组件文件 components/HelloWorld.vue。

修改后的 main.js 的代码如下：

```
import Vue from 'vue'
import App from './App'
import router from './router' // 引入router
import store from './store' // 引入store

Vue.config.productionTip = false

/* eslint-disable no-new */
new Vue({  // Vue实例
  el: '#app',
  router,  // 注册router
  store,  // 注册store
  components: { App },
  template: '<App/>'
})
```

在这里，笔者将仓库注册到 Vue 实例中。

修改后的 components/HelloWorld.vue 的代码如下：

```
<template>
  <div class="hello">
    <h2>count: {{ count }}</h2>
    <h2>ten times: {{ tenTimesCount }}</h2>
    <button @click="addCountAsync(50)">add Count</button>
    <button @click="addCount(20)">add Count2</button>
  </div>
</template>

<script>
import { mapState, mapGetters, mapMutations, mapActions } from 'vuex'
export default {
  computed: {
    // 辅助函数的第一个参数为模块的名称
    ...mapState('counter', ['count']),
    ...mapGetters('counter', ['tenTimesCount'])
  },
  methods: {
    ...mapMutations('counter', ['addCount']),
    ...mapActions('counter', ['addCountAsync'])
  }
}
```

```
</script>

<!-- Add "scoped" attribute to limit CSS to this component only -->
<style scoped>
h1, h2 {
  font-weight: normal;
}
ul {
  list-style-type: none;
  padding: 0;
}
li {
  display: inline-block;
  margin: 0 10px;
}
a {
  color: #42b983;
}
</style>
```

在这里，笔者将仓库中的状态与视图进行了绑定。

项目的初始页面如图 6.9 所示。

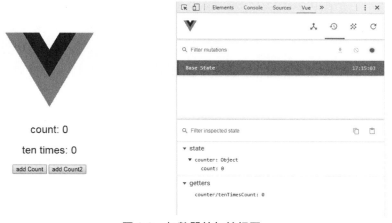

图 6.9　加数器的初始视图

当点击"add Count2"按钮之后，页面如图 6.10 所示。

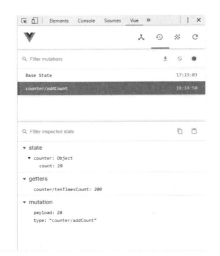

图 6.10　增加数值之后的加数器

Vuex 并不是 Vue 应用开发的必选项，在使用时，应先考虑项目的规模和特点，有选择地进行取舍，盲目地选用只会带来更多的开发成本。

Vuex 为开发者提供了多种写法，不过笔者并不推荐过多尝试和写法上的变换，毕竟保持一致的风格也是高质量代码的一种表现，除非这种变化是一种进步。

本章所介绍的工具和插件均是由 Vue 官方提供并维护的，你可以选择用或不用，取决于实际情况。

到这里，概念性的章节就结束了。从下一章开始，我们将进入实战课程。

第二篇

实战篇 —— 提升于项目

第7章　打造线上商城（一）

不知道同学们有没有过创业的想法，笔者在大学里可是像模像样地实践过，是关于区域性电子商务的，简单地说，就是校园内线上零食采购，线下专人配送，不过最后以失败告终。之后看到许多成熟的相似平台出现，才知道有这种想法的人并不少，笔者并不算在前列，也不具备成熟的条件。

现在各行各业的电商平台已经趋于成熟，前有京东、天猫等巨擘擎天，后有苏宁、小米之家等借线下之力成线上之功，想要从重重围堵之间杀出血路并不容易。2018年以来听说现象级电商拼多多以社交和娱乐的推广方式获得大众青睐，成为又一新星，不过研究一下其背景，原来也是大佬齐聚，并且十年前便已入场。

电商作为一种新兴的互联网产业已经遍及大街小巷，那么它的网上平台到底是如何打造的呢？笔者将会通过这两章的内容来演示如何打造一个线上商城的 Web 客户端。

7.1　项目规划

同学们是否还记得完整的软件项目流程呢？

"一个成熟的软件项目流程应该包括需求分析、可行性研究、概要设计、详细设计、编码与开发、测试、部署与维护……"

笔者可没有唤起你们久远记忆的打算，不过前辈们总结的经验虽然晦涩，但总有其智慧之处。这里，笔者简单走个形式。

7.1.1　需求分析

不知同学们在网购时经常会看到哪些页面，用到哪些功能呢？

首先，网站应该有一个首页，上面能看到商城的 logo、商品和店铺的搜索框、购物车和订单的跳转链接、大幅的广告幻灯片、细分商品品类的导航、商品和店铺的推荐链接等，如图 7.1 所示。

在点击商品时，我们会进入商品的详情页，该页应该包含相关商品的图片展示、商品名称、商品价格、发货方式及发货地址等，并允许用户选择购买的数量、购买方式（将商品加入购物车或者直接购买商品），如图 7.2 所示。

图 7.1　商城首页

图 7.2　商品详情页

之后，我们还需要购物车和订单两个页面来显示已加入购物车和订单中的商品。在购物车页面，用户可以选择结算或者删除商品，如图 7.3 所示。

图 7.3　购物车页面

在订单页面，用户可以选择退货、退款等，如图 7.4 所示。

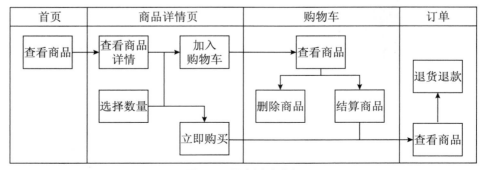

图 7.4　订单页面

本节实战的核心内容即为这四个页面，由于没有与后台进行交互，所以一些动态的信息和功能并没有展示和实现。

7.1.2　流程分析

笔者对用户可能执行的活动流程进行分析，并绘制了一张简图，如图 7.5 所示。

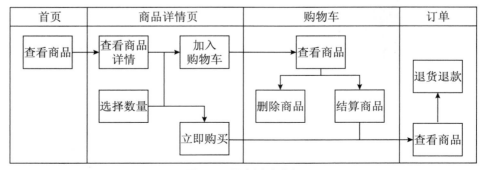

图 7.5　用户活动流程

想必这些活动对于同学们来说并不陌生，这里笔者不再多说。

7.2　项目展示

在本节中，笔者将演示项目各页面的视图表现和具备的功能，以使大家对项目有个基本的认识。当然，这些视图和功能均在笔者之前规划的内容中。在下一章中，笔者将对项目的实现代码进行详细讲解。

7.2.1　首页

首页概览如图 7.6 所示。

图 7.6　首页概览

我们的商城名为"购尚"，你也可以选择其他的名称，不过笔者准备的 logo 可只有一个，如图 7.7 所示。

图 7.7　商城 logo

点击页面上的 logo 即可跳转到首页。

顶部 banner 为各个页面所共有。在此处，笔者还设置了商品和店铺的搜索框、购物车和订单的跳转链接等，如图 7.8 所示。

图 7.8　header

在中部 banner 中，笔者设置了各种细分类目商品的导航及部分商品的付费广告。这里要注意一点，考虑到网页对不同分辨率（只考虑宽度 1120px 以上）的兼容，笔者将幻灯片的宽度设置为 1120px 且居中对齐，两侧留白使用背景颜色填充，如图 7.9 所示。

图 7.9　中部 banner

在底部 banner 中，笔者设置了几件商品的快捷链接，点击即可跳转到对应商品的详情页，如图 7.10 所示。

精品推荐

诺泰顾宫护腰艾灸加热女生必备
神器
原价：~~¥536.00~~ 促销价：¥208.00

七喜柠檬味碳酸饮料整箱
330ml*24促销装
原价：~~¥48.00~~ 促销价：¥43.90

八马茶业 铁观音茶叶浓香型赛珍
珠1000g
原价：~~¥800.00~~ 促销价：¥600.00

Lee男装 2018春夏X-LINE白色
短袖T恤 秒变男神
原价：~~¥350.00~~ 促销价：¥239.00

图 7.10　底部 banner

这里的商品信息均由笔者模拟并存储于浏览器端，JS 代码如下：

```
goods: [
  {
    name: 'qixi',   // 标识
    text: '七喜柠檬味碳酸饮料整箱330ml*24促销装',  // 标题
    address: '上海', // 发货地址
    type: '满88(20kg内)包邮',  // 发货方式
    price: '48.90',  // 原价
    onlinePrice: '43.90', // 促销价
    cover: './static/images/qixi01.jpg', // 封面图路径
    poster: './static/images/slide01.png',
    color: '#e8e8e8',
    images: [  // 详情图路径
      './static/images/qixi01.jpg',
      './static/images/qixi02.jpg',
      './static/images/qixi03.jpg',
      './static/images/qixi04.jpg',
      './static/images/qixi05.jpg'
    ],
    thumbnails: [  // 缩略图路径
      './static/images/qixi01_sm.jpg',
      './static/images/qixi02_sm.jpg',
      './static/images/qixi03_sm.jpg',
      './static/images/qixi04_sm.jpg',
      './static/images/qixi05_sm.jpg'
    ]
  }
]
```

对于与后台交互的项目来说，这些信息应该存储在数据库中，属于动态数据。不过对于一个单机的项目来说，这些内容却属于静态数据，笔者也称为“配置项”——对于静态视图的配置，当我们配置了该项，视图显示该项；当我们配置了另一项，视图则会

显示另一项。

7.2.2　商品详情

　　设置核心内容区为固定宽度且居中对齐，这是一个十分简便而又良好的兼容策略，常见于各种网站，大平台也不例外。在这几个页面中，笔者也都有用到这一策略。

　　商品详情页的概览如图 7.11 所示。

图 7.11　商品详情页

　　在左侧 banner 中，笔者准备了多张商品的详情图，当鼠标划过列表中的缩略图时，详情区会立即切换图片，如图 7.12 所示。

图 7.12　切换商品详情

在右侧 banner 中，用户可以选择商品的数量，选择立即购买商品或将商品加入购物车。这里笔者做了一个小动画，当"立即购买"或"加入购物车"按钮被点击时，详情图将会分身并沿直线路径快速移动到顶部"我的订单"或"购物车"处，以通知用户按键事件已发生，笔者截下动画运行时的一帧，并绘上移动轨迹，如图 7.13 所示。

图 7.13　商品分身的移动路径

其他商品的详情页与此类似。笔者只开发了核心功能，并没有作任何差异化处理，细节部分同学们可以在练习时自行丰富和拓展。

7.2.3　购物车

在商品详情页中，用户选择"加入购物车"的商品，将会在购物车页面显示。

由于页面核心区域的宽度也被固定为 1120px，且购物车商品列表可视作一个二维数组，因此笔者直接采用表格（table）作为购物车的框架元素，这也符合语义化 HTML 的要求。

也许有的同学尚未接触到语义化的概念，你可以到搜索网站查询一下这个词汇的定义和要求，也可以只记住一个问题：当你的网页去掉 CSS 样式表后，是否还能以有序可读的方式（尽管很丑）呈现？

这里，笔者还是为表格写了一些样式，使其尽可能优雅一些，页面如图 7.14 所示。

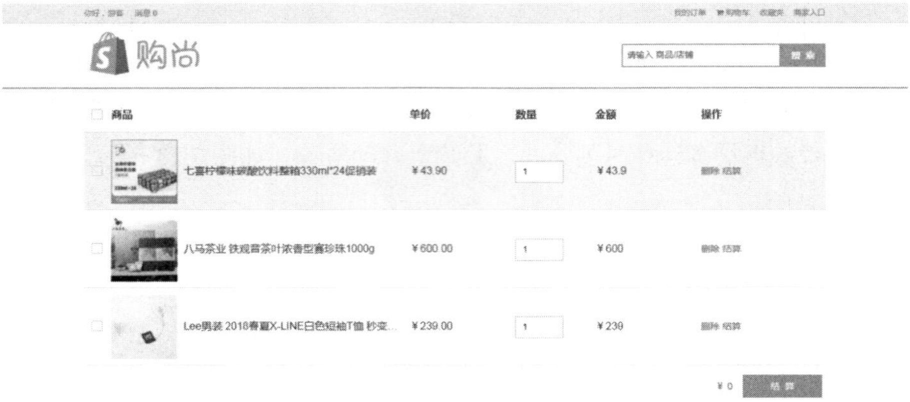

图 7.14　购物车页面

在该页面中，用户可以修改购物车中商品的数量、删除或结算商品。当勾选多件商品时，系统将在底部自动计算出被勾选商品的总价，用户可以点击底部"结算"按钮进行结算，如图 7.15 所示。

图 7.15　结算多件商品

被结算的商品将出现在订单页面中。

7.2.4　订单

订单页面与购物车页面相似，不过此处可执行的操作只有退款。订单页如图 7.16 所示。

图 7.16　订单页面

　　也许有的同学会有疑问：物流信息呢？其实，物流信息只是一个字段而已，由后台提供。对于该项目来说，你可以选择模拟，也可以选择不模拟，无关紧要。不过，笔者选择了后者，因为笔者不想为此多生一个维度。

　　其实，在实际项目中，许多东西对于前端来说只是一个字段而已，无论何种庞然大物、精密工序，皆可视为透明，其后也有无数如你我这样的劳动人民为之辛劳。术业有专攻，前端需要做的是，将拿到手的东西更好地呈现出来。

　　在下一章中，笔者将对项目的代码进行讲解。在项目中，所有的组件均由笔者亲自编写，因此部分内容可能稍微难以理解，希望同学们能够结合本章内容进行学习。

　　此外，项目源码将随书附赠。

第 8 章 打造线上商城（二）

在上一章中，笔者已经演示了我们将要实战的项目。在本章中，笔者将针对项目构建和代码中的几个细节点进行详细讲解。

8.1 项目构建

这里我们依然使用 Vue CLI 构建项目。如果你对 Vue CLI 尚不熟悉的话，请回顾第六章中的相关内容。

8.1.1 目录结构

在构建好的项目目录下，我们可以看到 Vue CLI 生成的许多文件和文件夹，其中最重要的是 src 目录，这是我们进行开发的主要场所。

笔者对 src 目录进行了一些改造，改造后的文件目录如图 8.1 所示。

图 8.1 src 文件夹目录

- assets/stylesheets 用于存放独立的样式表。笔者推荐将组件的样式表放在组件模板中书写，而 stylesheets 中的样式表则在 main.js 中引入，以达到全局共享的目的。
- components 目录用于存放 Vue 的单文件模板。目录下的 Index.vue、Goods.vue、Cart.vue、Order.vue 分别对应我们的商城首页、商品详情页、购物车页面和订单页面。
- config 目录用于存放一些配置项。在该项目中，笔者将商品信息及商品细分类目的导航作为配置项。
- widgets 目录用于存放自定义的组件。笔者在项目中自定义了复选框和幻灯片（也称为"跑马灯"）两个组件。
- App.vue 是项目的根组件，挂载于 Vue 实例上。
- main.js 是 webpack 的入口文件，我们可以在里面引入全局资源（如 JS、CSS 等）和声明全局变量。

8.1.2　webpack是什么？

由于我们的 Vue 项目在构建时都选择使用 webpack 来打包模块，因此还是有必要将其简单介绍一下。

webpack 是一个模块打包器，可以将项目中所有的资源打包整合并注入到指定位置。在引入并配置一些配套插件和依赖后，webpack 还可以将高版本的 JS（如 ES 6 等）和 JS 的替代语言（如 TypeScript、CoffeeScript 等）、预编译的样式表（如 Sass/Scss、Less 等）、模板文件（如 .vue、.jade 等）编译为可供普通浏览器解析的代码。

这里有个问题，webpack 怎么知道该去打包哪些模块呢？

开发者在配置 webpack 时，需要提供一个入口文件，例如：

```
entry: {
  app: './src/main.js' // 似曾相识
}
```

以告诉 webpack 应该从这个文件开始检索模块。

main.js 中的代码如下：

```
import Vue from 'vue'
import App from '. /App'
import router from './router'
import './assets/stylesheets/base.css'
```

```
import 'font-awesome/css/font-awesome.min.css'

Vue.config.productionTip = false

/* eslint-disable no-new */
new Vue({
  el: '#app',
  router,
  components: { App },
  template: '<App/>'
})
```

从代码中可以看到，笔者在 main.js 中引入了 Vue 库、App 组件、router 路由、base.
css 和 font-awesome.min.css。在检索完 main.js 之后，此时 webpack 又有了新的目标可以
打包，即以上提到的内容。

同学们还记得 router.js 的作用吗？

router.js 存放着项目有关前端路由的配置，该项目中的代码如下：

```
import Vue from 'vue'
import Router from 'vue-router'
import Index from '@/components/Index'
import Cart from '@/components/Cart'
import Order from '@/components/Order'
import Goods from '@/components/Goods'

Vue.use(Router)
export default new Router({
  routes: [
    {
      path: '/',
      name: 'Index',
      component: Index
    },
    {
      path: '/goods',
      name: 'Goods',
      component: Goods
    },
    {
      path: '/cart',
      name: 'Cart',
      component: Cart
    },
    {
      path: '/order',
```

```
      name: 'Order',
      component: Order
    }
  ]
})
```

不用多说，下一步 webpack 将继续层层深入打包这些引入的模块。可以看到，在 router.js 引入的模块中，除了 Vue Router 之外，其他模块均是我们开发的 Vue 模板文件。

笔者根据当前项目绘制了一张 webpack 的工作流程图，如图 8.2 所示。

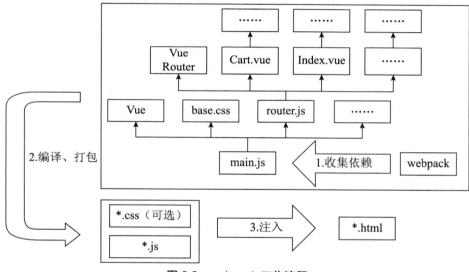

图 8.2　webpack 工作流程

在 Vue CLI 构建的项目中，build 目录下存放着 webpack 的配置文件，感兴趣的同学可以对照 webpack 的官方文档查看一下各个配置项的意义。在书后的附录中，笔者还会对其另行讲解。

8.1.3　Font Awesome图标库

Font Awesome 是一套不错的图标库，它提供了几百个图标并且用法十分简单，足以应付日常开发的需求。

如果项目对于图标的要求十分严格的话，那也不错，可以和美工们"亲切会晤"了（Good Luck）。或者，你也可以到"阿里巴巴矢量图标库"碰碰运气，网上搜索关键字即可。

我们可以通过 CDN 直接引入 Font Awesome，代码如下：

```
<link href="//netdna.bootstrapcdn.com/font-awesome/4.7.0/css/font-
awesome.min.css" rel="stylesheet">
```

不过既然是在使用了 npm 的项目，笔者还是推荐使用 cnpm 来安装依赖，命令如下：

```
cnpm install font-awesome --save-dev
```

之后，我们需要在 main.js 中全局引入依赖，代码可以在上一小节中看到。

在使用时，你需要查看 Font Awesome 的官方文档，查找合适的图标，比如我们需要一个购物车图标以使页面上的文字不显得那么单调。幸运的是，这里刚好有购物车图标供我们使用，如图 8.3 所示。

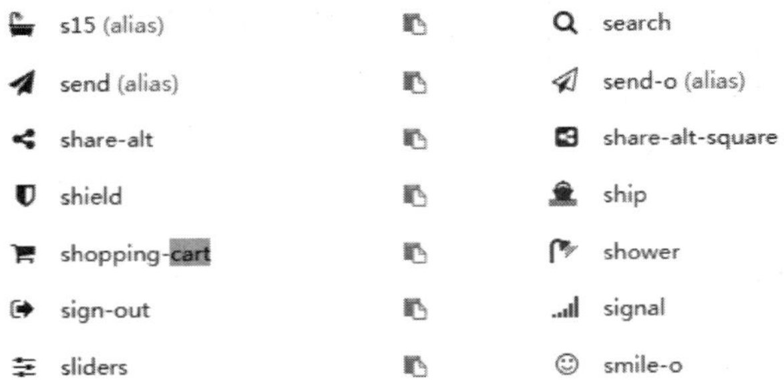

图 8.3　购物车图标

我们可以使用 span 或者 i 标签将图标添加到页面上，只需要为其设置相应的类名就可以，代码如下：

```
<i class="fa fa-shopping-cart"></i>
```

假如我们需要一个搜索的图标呢？

只需要更改类名就可以了，代码如下：

```
<i class="fa fa-search"></i>
```

.fa 是 Font Awesome 预设的图标的基本样式，源码如下：

```
.fa {
  display: inline-block;    /* 关键，改变元素显示等级 */
  font: normal normal normal 14px/1 FontAwesome;    /* 使用Font Awesome
字体 */
  font-size: inherit;
  text-rendering: auto;    /* 渲染和优化策略，auto为默认值 */
  -webkit-font-smoothing: antialiased;    /* webkit内核，字体平滑策略，此处
```

抗锯齿 */
```
  -moz-osx-font-smoothing: grayscale;  /* moz内核（火狐），此处抗锯齿 */
}
```

现在，我们的购物车似乎丰满了一些，如图 8.4 所示。

图 8.4　页面上的购物车

在项目的其他地方，笔者还用到了许多图标，用法大同小异，这里不再多说。

8.2　动态资源和数据

8.2.1　关于配置

在 src/config/config.js 中，笔者模拟了一些商品的信息，代码如下：

```
export default {
  goods: [
    {
      name: 'nuotai',
      text: '诺泰暖宫护腰艾灸加热女生必备神器',
      address: '山东泰安',
      type: '包邮',
      price: '536.00',
      onlinePrice: '208.00',
      cover: './static/images/nuotai01.jpg',
      poster: './static/images/slide01.png',
      color: '#e8e8e8',
      images: [
        './static/images/nuotai01.jpg',
        './static/images/nuotai02.jpg',
        './static/images/nuotai03.jpg',
        './static/images/nuotai04.jpg',
        './static/images/nuotai05.jpg'
      ],
      thumbnails: [
        './static/images/nuotai01_sm.jpg',
        './static/images/nuotai02_sm.jpg',
        './static/images/nuotai03_sm.jpg',
        './static/images/nuotai04_sm.jpg',
        './static/images/nuotai05_sm.jpg'
```

```
        ]
      },
      ......
    ]
}
```

之后，笔者在 Index.vue 组件中引入并将这些商品渲染出来，代码如下：

```html
<template>
  ......
  <ul class="rec-list">
    <li
      class="rec-card"
      v-for="(item, index) in goods"
      :key="index"
      @click="togglePage(item)">
      <img class="rec-media" :src="item.cover"/>
      <div class="rec-profile">
        <h4>{{ item.text }}</h4>
        <p class="rec-params">
          原价: <span class="rec-price">¥{{ item.price }}</span> 
          促销价: <span class="rec-online-price">¥{{ item.onlinePrice
}}</span>
        </p>
      </div>
    </li>
  </ul>
  ......
</template>

<script>
  import config from '@/config/config'
  export default {
    name: 'Index',
    ......
    computed: {
      goods () {   // 获取配置中的商品信息
        return config.goods
      }
    },
    methods: {
      togglePage (item) {   // 跳转到商品详情页
        this.$router.push({ path: 'goods', query: { name: item.name }
})
      }
    }
  }
</script>
```

也许有的同学会有疑问，为什么不在 Index.vue 组件中直接定义这些信息呢？

第一点原因，这些信息不仅在 Index.vue 中被使用，还会被用于 Goods.vue 中。如果信息有所变动，那么需要修改的地方不止一处，不易于长时间或他人维护。

不过，为什么不在 togglePage 方法中将商品信息直接传递到 Goods 页面呢？这样不是可以保持数据的一致性吗？传递过去的数据确实可以保持一致性，却造成了另一个问题，当用户强制刷新页面时，传递过去的数据将会丢失。

考虑到用户强制刷新页面的问题，笔者也为此专门在商品详情页的路径中加入 name 参数，用以标识当前商品，并根据 name 参数从配置中获取商品的信息，代码如下：

```
item () {  // 获取当前商品的信息
  return config.goods.find(item => item.name === this.$route.query.
name)
}
```

商品详情页如图 8.5 所示。

图 8.5　借助地址栏标识当前商品

可以看到，图 8.5 中的 URL 为 http://localhost:8080/#/goods?name=qixi，在强制刷新页面后，商品信息并没有丢失。

第二点原因，当我们需要更换商城的商品时，得益于配置驱动的设定，我们只需要修改配置文件即可，并不需要修改组件模板，这也符合"对于拓展开放，对于修改关闭"（开闭原则）和"保持对象间最小通信"（迪米特法则）的基本原则。

　　配置驱动，这是一种最佳实践和思想方法，希望同学们并不只是看到笔者在这个 Demo 中做了些什么，而是能有自己的体会和感悟，从而引导自己的道路。

8.2.2　动态资源

　　还记得项目的生产版本如何构建吗？

　　我们可以运行：

```
npm run build
```

　　来构建项目的生产版本。

　　之后，在项目根目录下将会出现一个 dist 文件目录，目录结构如图 8.6 所示。

图 8.6　dist 文件目录

　　就这样，src 目录完成了它的使命，无论曾经里面有什么，最终都只剩下 HTML、JS、CSS，还有图片。

　　不过讲到图片，这里有一个问题：

```
let image = 'image.png'
let noImage = 'no image'
```

　　这两者有什么区别吗？笔者觉得好像有，从程序员的角度来说，一个是图片路径，另一个不是；不过好像也没有，从机器的角度来说，这都是字符串啊。

　　那么，麻烦来了。Vue CLI 并不能识别字符串是否是图片路径，那么它将如何检索我们写入配置中的路径（如 cover：'./static/images/nuotai01.jpg'）呢？

　　Vue CLI 确实无法检索此类的动态资源，不过它提供给我们另一种选择，将这些资源放入与 src 同级的 static 目录下。当 Vue CLI 构建生产版本时，该目录下的东西将会被直接注入 dist/static 中。

　　static 文件目录如图 8.7 所示。

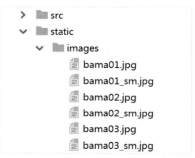

图 8.7　与 src 同级的 static 目录

　　不过，哪些资源属于静态资源呢？

```
<img src="image.png">
<div style="background-image: url(image.png)"></div>
<style>
  .bg-image {
    background-image: url(image.png);
  }
</style>
```

　　类似上述方式使用的资源均属于静态资源（在枚举范围内，含有机器可解析的关键字）。

8.2.3　动态数据的存储

　　笔者选择使用 window.localStorage 来存储数据，window.localStorage 的基本用法如下：

```
// 设置名为gsStore的数据项，不接受对象类型的值
window.localStorage.setItem('gsStore', '{}')
// 获取名为gsStore的数据项
window.localStorage.getItem('gsStore')
// 移除名为gsStore的数据项
window.localStorage.removeItem('gsStore')
// 移除所有数据项
window.localStorage.clear()
```

在该项目中，购物车和订单均是需要存储的对象，因此笔者将其定义为 gsStore 对象的两个属性，gsStore 的原型如下：

```
let gsStore = {
  cart: [],  // 购物车
  order: []  // 订单
}
```

由于 window.localStorage 不接收对象类型的数据值，所以在读取和写入时，我们还需要用到浏览器的内置对象 JSON，代码如下：

```
// 读取gsStore
getStore () {
  let gsStore = window.localStorage.getItem('gsStore')
  if (gsStore) {
    gsStore = JSON.parse(gsStore)  // 将字符串解析为JSON对象
    this.cart = gsStore.cart || []
    this.order = gsStore.order || []
  }
}
// 写入gsStore
setStore () {
  let gsStore = {
    cart: this.cart,
    order: this.order
  }
  window.localStorage.setItem('gsStore', JSON.stringify(gsStore))  // 字符串化JSON对象
}
```

在 Goods.vue、Cart.vue、Order.vue 模板中均会用到这两个方法，我们可以选择将其复制粘贴到每一处或者将其封装为一个 mixin 并在组件中引入。

8.3　自定义组件

在该项目中，笔者封装了两个组件：一个是首页的幻灯片；另一个是购物车页面的复选框。下面，我们一起来看一下这两个组件。

8.3.1　幻灯片

先来看一下幻灯片的页面表现，组件初始视图如图 8.8 所示。

图 8.8　幻灯片首屏

切换后的视图如图 8.9 所示。

图 8.9　切换后的幻灯片

Swiper.vue 中的代码如下：

```html
<template>
  <div class="swiper-container">
    <!-- 使用动态样式更换背景图片 -->
    <div
      :style="{backgroundImage: 'url(' + bg + ')'}"
      class="swiper-image"></div>
    <!-- 定义切换按钮 -->
    <div class="swiper-paginator">
      <span
        v-for="(slide, index) in slides"
        :key="index"
        class="paginator-item"
        :class="{'paginator-current': index === value}"
        @mouseover="toggleIndex(index)"
        @mouseout="initTimer"></span>
    </div>
  </div>
</template>
```

```
<script>
  export default {
    name: 'Swiper',
    props: {
      slides: {   // slides接收用于切换的图片数组
        type: Array,
        validator (value) {   // 判断数组元素类型是否为字符串
          return value.every(item => Object.prototype.toString.call(item)
=== '[object String]')
        }
      },
      interval: {   // 设置切换间隔时间，默认为4s
        type: Number,
        default: 4
      },
      value: {   // ① 自定义v-model，用于接收幻灯片页码，默认为0
        type: Number,
        default: 0
      }
    },
    data () {
      return {
        timer: null
      }
    },
    computed: {
      bg () {
        return this.slides[this.value]
      }
    },
    mounted () {
      this.$nextTick(function () {
        this.initTimer()
      })
    },
    methods: {
      initTimer () {
        this.timer = setInterval(() => {   // 设置定时器，定时切换幻灯片
          // ② 自定义v-model，通知父级修改当前幻灯片页码
          this.$emit('input', (this.value + 1) % this.slides.length)
        }, this.interval * 1000)
      },
      toggleIndex (index) {   // 当鼠标划过幻灯片切换按钮时
        this.$emit('input', index)   // ② 自定义v-model，通知父级修改当前
幻灯片页码
        clearInterval(this.timer)   // 清除定时器
      }
```

```
    }
  }
</script>

<style scoped>
  .swiper-container {
    position: relative;
    width: 100%;
    height: 100%;
  }
  .swiper-image {
    height: 100%;
    background-size: cover;
    background-repeat: no-repeat;
  }
  .swiper-paginator {
    margin-top: -30px;
    padding-right: 5px;
    text-align: right;
    list-style: none;
  }
  .paginator-item {
    cursor: pointer;
    display: inline-block;
    width: 16px;
    height: 16px;
    margin-left: 5px;
    border-radius: 50%;
    background-color: #000;
    opacity: 0.3;
  }
  .paginator-current {
    background-color: #fff;   /* 当前激活的幻灯片切换对应按钮样式 */
    opacity: .6;
  }
</style>
```

之后，笔者在 Index.vue 将其引入，代码如下：

```
<template>
  <div class="swiper">
    <Swiper :slides="slidesImage" v-model="index"></Swiper>
  </div>
</template>
<script>
  import Swiper from '@/widgets/Swiper'
  import config from '@/config/config'
  export default {
```

```
    name: 'Index',
    components: { Swiper },
    data () {
      return {
        index: 0
      }
    },
    computed: {
      slidesImage () {
        return config.goods.map(item => item.poster)
      }
    }
  }
</script>
<style scoped>
  .swiper {
    height: 500px;
    background-color: #e8e8e8;
  }
</style>
```

- 在 Swiper 组件中，由 slides 属性接收外部传入的背景图片列表；interval 属性用于决定幻灯片切换的时间间隔；由定时器定时切换显示的背景图片。
- 笔者为 Swiper 定义了 v-model 指令，使其可以向外部暴露当前幻灯片的页码。由于幻灯片采用"固定宽度且居中对齐、两边留白使用对应的背景颜色填充"的兼容策略，所以外部需要获取当前幻灯片的页码以更新两边留白的背景颜色。
- 当鼠标滑到切换按钮上时，幻灯片会显示相应的背景图片，定时器将被清除；当鼠标移出切换按钮时，定时器将会重新启动。

8.3.2　复选框

同样地，我们先来看一下复选框的页面表现，未选中时的视图如图 8.10 所示。

图 8.10　未选中时的复选框

选中后的视图如图 8.11 所示。

图 8.11 选中时的复选框

Checkbox.vue 中的代码如下：

```html
<template>
  <span
    class="checkbox"
    :class="{active: value}"
    @click="toggleChecked"></span>
</template>
<script>
  export default {
    name: 'Checkbox',
    props: {
      value: {   // ① 自定义v-model，用于标识复选框状态
        type: Boolean,   // 限制传入值为Boolean类型
        default: false
      }
    },
    methods: {
      toggleChecked () {
        // ② 自定义v-model，向外部暴露复选框状态值
        this.$emit('input', !this.value)
        // 提供change方法供父级监听，当复选框状态改变时触发
        this.$emit('change')
      }
    }
  }
</script>
<style scoped>
  .checkbox {
    position: relative;
    display: inline-block;
    width: 16px;
    height: 16px;
```

```
    cursor: pointer;
    box-sizing: border-box;
    border: 1px solid #dcdfe6;
  }
  .checkbox:after {
    position: absolute;
    width: 8px;
    height: 8px;
    top: 2px;
    left: 2px;
    content: '';
    display: block;
  }
  .checkbox:hover {
    border-color: #95bf47;
  }
  .checkbox.active {
    border-width: 2px;
    border-color: #95bf47;
  }
  .checkbox.active:after {
    background-color: #95bf47;
  }
</style>
```

● 可以看到，在 Checkbox 组件中，笔者并没有用到类型为 checkbox 的 input 元素，而是使用 span 及其伪类元素 after 模拟了一个复选框，并使用预置样式的类名和动态类名赋予复选框在选中和未选中时不同的外观。

● 笔者为 Checkbox 组件定义了 v-model 指令，在复选框状态改变时，组件将向外部同步状态值，并触发 change 事件。

到这里，线上商城的章节告一段落，相关代码将会随书附赠。笔者建议同学们参照代码进行学习，这样也许会更轻松。

下一章，我们将进入企业官网的实战开发课程。

第9章 企业官网的建设

想必不少同学家里有车，或者多多少少有些买车的想法吧。偶尔看见路边的限量版豪车，是否也有种心动的感觉，想象着自己身处其中的情景。现在，机会来了！

本章案例将实战开发一家公司"租车行"的企业官网，这家公司推出的"租车行"APP连接了豪车车主和大众用户，用户在登录和认证之后，即可浏览并选择心仪的车辆，发起租车请求。即使你不为豪车而来，在这里，选租一辆代步车也是可以的。

这家企业自然是笔者杜撰的。不过，也不用灰心，咱学好技术自己去买辆好车。本章案例重在描述如何开发一个可中英双语切换、响应式适配移动和PC双端的企业官网。下面，我们一起进入实战内容。

9.1 响应式设计

先来简单了解一下作为本节核心知识点的响应式设计的概念。

9.1.1 响应式设计

响应式设计是Ethan Marcotte在2010年5月提出的概念，这里的响应指的是网页能够在不同尺寸和类型的设备上作出不同的表现。一个经过精心设计的响应式页面，可以在多种设备上提供舒适美观、易于交互的界面和良好的用户体验，达到"Once write, run everywhere"的效果。这个概念是为了服务移动互联网而诞生的。

随着大屏幕移动端设备（如iPad等）的普及，越来越多的网站在架构和开发时采用响应式设计。而随着越来越多的人使用这个技术，我们不仅从中看到很多创新，还看到了一些成形的设计模式。

最初，响应式设计的概念是用于CSS 3中的，通过媒体查询（Media Query）判断设备类型，进而对不同的设备设置相应的样式表。而在实际开发中，很多开发者也会使用JS对设备类型进行补充判断，比如使用JS可以精准判断设备是安卓还是苹果iOS系统，这是CSS 3媒体查询无法做到的。又因为可以通过JS获取文档元素并对其设置样式，所以使用JS来控制设备的视图表现也属于响应式设计。

下面，笔者将对这两种方式分别进行讲解。

9.1.2 媒体查询

媒体查询中最核心的内容就是 media。media 是什么呢？简单地说，这是一个关键字，我们通过它来判断不同的设备类型，并在其代码块中预定义 DOM 元素的样式。当设备属性符合一个 media 判定时，元素将采用其代码块中的样式。

媒体查询应该如何使用呢？我们先来了解一下其语法，代码如下：

```
@media media_type and|not|only (exp) {
  /* CSS代码 */
}
```

其中，media_type 代表媒体类型，可选的值如表 9.1 所示。

表 9.1 媒体查询可选的设备类型

类　型	解　释
all	所有设备
braille	盲文
embossed	盲文打印
handheld	手持设备
print	文档打印或打印预览模式
projection	项目演示，如幻灯片
screen	彩色设备屏幕
speech	演讲
tty	固定字间距的网络媒体，如电传打字机
tv	电视

exp 为条件表达式，可用的值如表 9.2 所示。

表 9.2 媒体查询表达式可用的值

媒体特性	可采用的值	可用类型	可否 min/max	简　介
width	\<length\>	视觉屏幕 / 触摸设备	yes	定义输出设备中页面可见区域宽度
height	\<length\>	视觉屏幕 / 触摸设备	yes	定义输出设备中页面可见区域高度
device-width	\<length\>	视觉屏幕 / 触摸设备	yes	定义输出设备中屏幕可见宽度
device-height	\<length\>	视觉屏幕 / 触摸设备	yes	定义输出设备中屏幕可见高度

续表

媒体特性	可采用的值	可用类型	可否 min/max	简　介
orientation	portrait landscape	位图介质	no	portrait 代表横屏，landscape 代表竖屏
aspect-ratio	<ratio>	位图介质	yes	定义浏览器的长宽比
device-aspect-ratio	<ratio>	位图介质	yes	定义屏幕的长宽比
color	<integer>	视觉媒体	yes	定义输出设备彩色原件数目，如非彩色设备，值为 0
color-index	<integer>	视觉媒体	yes	定义输出设备的彩色查询表中的条目数，如没有使用彩色查询表，则值为 0
monochrome	<integer>	视觉媒体	yes	定义在一个单色框架缓冲区中每像素包含的彩色原件个数。如果不是单色设备，值为 0
resolution	<resolution>	位图介质	yes	定义设备的分表率，如 96dpi
scan	progressive|interlace	电视类型	no	定义电视类设备的扫描方式，progressive 表示逐行扫描，interlace 表示隔行扫描
grid	<integer>	栅格设备	no	查询输出设备是否使用栅格或者点阵。1 代表是，0 代表否

and、not、only 为连接符号，含义如表 9.3 所示。

表 9.3　媒体查询中的连接符号

关　键　字	说　明
only	限定某种设备
and	逻辑与，连接设备名或表达式
not	排除某种设备
,	表示设备列表

之后，我们可以在引入样式表文件时或在样式表中直接使用媒体查询，示例代码如下：

```html
<!-- 1. 引入位置 -->
<link rel="stylesheet" type="text/css" media="only screen and (max-width:
415px), only screen and (max-device-width: 415px)" href="index.css"/>

<!-- 2. 样式表中 -->
<style>
  @media screen and (min-width: 415px) and (max-width: 1368px) {
    .header {
      height: 80px;
    }
  }
</style>
```

常见的手机屏宽不会超过 415px，屏宽超过 1368px 的设备一般是大屏计算机，多为台式机。

9.1.3　JS布局

使用 JS 进行响应式设计可以看作一记偏招，除了 JS 对设备类型的判断更为精准之外，由于 CSS 缺乏成熟的计算体系（只凭 calc 是完全不够的），在布局需要复杂计算时，JS 也是必不可少的。

下面来看一个使用 JS 判断设备类型（判断设备使用 iOS 还是 Android 系统）的示例，代码如下：

```js
computed: {
  isAndroid () {
    // navigator为浏览器内置对象
    // 此处通过navigator.userAgent获取用户的设备信息
    let u = navigator.userAgent
    return u.indexOf('Android') > -1 || u.indexOf('Adr') > -1
  },
  isIOS () {
    let u = navigator.userAgent
    // !!为两次!的判定，当内容不为(null、undefined、空串等)时，判定为真
    return !!u.match(/\(i[^;]+;( U;)? CPU.+Mac OS X/)
  }
}
```

这段代码通过用户的设备信息中是否含有特定关键字来判断设备类型，这种一种极为常见的做法，不过媒体查询却无法做到这一点。

之后，我们可以根据这两个计算属性使用动态类名、动态样式或直接使用 JS 等方式为 DOM 元素设置样式。

9.2　页面开发

本章所演示的网站其实只有单屏页面，却巧妙地展示了 4 页内容，那么笔者是以何种方式来切换视图的呢？

在本节中，笔者将讲解有关页面开发的内容。

9.2.1　页面切换

随便打开几个企业官网，我们可以发现它们大都采用同一种布局方式——"顶部导航栏 + 内容区"，即使是互联网大公司也不例外，如图 9.1 所示。

图 9.1　阿里云首页

用户可以通过顶部导航栏轻松切换页面的内容、跳转到其他网站或者执行注册登录等操作。内容区则是用户查看信息和执行交互的主要场所，如果将整个网页看作一篇文章的话，那么每一块内容即是其中的章节。

许多网站习惯将多个内容区从上到下组合成一个长页面，通过滑动滚动条来切换浏览器视窗的位置。不过，有些网站也会另辟蹊径，引入类似 Swiper 之类的组件，将页面设计为单屏，并以幻灯片翻页的方式来切换视图，以获得更好的视觉效果，本项目采用的也是这种方式。

首先，我们来看一下如何引入 Swiper。

9.2.2　Swiper组件

在 GitHub 上有许多开源免费的组件和库供我们学习和使用，这些组件和库是由专业的人开发和封装好的，Vue 也是其中一员，我们只需要了解如何引入和使用它们即可。当然，如果有兴趣的话，你也可以封装和发布一些好玩的东西供别人学习和使用。

你可以在官网上（http：//www.swiper.com.cn）下载 Swiper 的代码，并以静态脚本的方式引入和使用它们，示例代码如下：

```
<!-- css文件 -->
<link rel="stylesheet" href="path/to/swiper.min.css">
<div class="swiper-container">
  <div class="swiper-wrapper">
    <div class="swiper-slide"></div>
    <div class="swiper-slide"></div>
  </div>
</div>
<!-- js 文件 -->
<script src="path/to/swiper.min.js"></script>
<script>
  /* 创建一个简单实例，元素选择器可以设置为其他类名，但元素类名必须包含swiper-
container */
  let sw = new Swiper('.swiper-container')
</script>
```

不过，笔者更推荐使用 npm 来安装 Swiper，尤其是在 Vue CLI 快速构建的项目中。

安装 Swiper 的命令如下：

```
cnpm install swiper --save-dev
```

之后，我们可以在相关组件中引入和使用它，示例代码如下：

```
<template>
  <div class="swiper-container rc-body">
    <div class="swiper-wrapper">
      <div class="swiper-slide">
        <!-- 单页内容区域 -->
      </div>
      <div class="swiper-slide"></div>
    </div>
  </div>
</template>

<script>
```

```
import Swiper from 'swiper'
import 'swiper/dist/css/swiper.min.css'
export default {
  mounted () {
    this.$nextTick(function () {
      new Swiper('.rc-body', {
        speed: 800, // 翻页速度
        direction: 'vertical',  // 排列方向
        paginationClickable: true,  // 分页符是否可点击
        mousewheel: true,  // 是否可用滚轮翻页
        pagination: {  // 分页符
          el: '.swiper-pagination'
        },
        on: {
          // 当翻页开始时触发
          slideChangeTransitionStart () {},
          // 当翻页结束时触发
          slideChangeTransitionEnd () {}
        }
      })
    })
  }
}
</script>
```

- 我们需要将单页内容放入 swiper-slide 类名所在的区域中，每一页对应一个区域。
- 在定义 Swiper 对象时有很多配置项可供选择，笔者在示例中只演示了最基本的配置，而实际上 Swiper 的功能还要更加强大，你可以在官网查看其文档和相关示例。

9.2.3　划分内容区

在划分内容区的同时，笔者还将提取出每一块内容区所涉及的变量。

网站首屏一般都会设计一个具有冲击力的特效，本章项目也不例外。当页面加载时，标题以渐淡的方式进入，用户数量从 0 滚动到目标值；当资源加载完毕，页面将呈现旋转着的星空特效。这部分内容属于 HTML+CSS+JS 的基本运用，笔者不再多说，之后将附赠项目源码，感兴趣的同学可以查看源码。

顶部的 Header（各页共享栏）所涉及的变量包括 logo 和 slogan 的图片路径。内容区涉及的变量包括按钮文本、标题、副标题、背景星空和前景汽车的图片路径。第一页的视图表现如图 9.2 所示。

图 9.2 幻灯片第一页

第二页用于介绍"租车行"的使用方法，涉及的变量包括：宣传标题、步骤标签、步骤简介、按钮文本、步骤的配图路径。第二页的视图表现如图 9.3 所示。

图 9.3 幻灯片第二页

第三页用于展示已入驻"租车行"的豪车，目的在于吸引用户加入，涉及的变量包括宣传标题、豪车列表对象（包括名称、车主、发布日期）、配图路径列表。第三页的视图表现如图 9.4 所示。

第四页也是一个比较酷炫的动画，动画设计的关键在于对 transform 和 keyframes 的理解和运用，这些均属于 CSS 的基本知识，感兴趣的同学可以查看源码。这部分涉及的变量只有结束语。第四页的视图表现如图 9.5 所示。

图 9.4　幻灯片第三页

图 9.5　幻灯片第四页

有的同学可能会有疑问，为什么要把这些静态的内容提取出来呢？直接写在 DOM 结构中不就可以了吗？

对于普通的网站来说的确可以，但笔者准备的架构却是允许用户多语种切换的网站，对于关键信息的提取正是多语种网站建设的关键。

9.3　多语种网站的建设

上节中，我们已经把幻灯片各页的信息提取出来了。在本节内容中，笔者将讲解如何把这些信息纳入配置并应用在中英双语网站的建设中。

9.3.1　将一切纳入配置

在之前的章节中，我们有提到过 Web 的发展经历了从静态到动态的过程。在那时，后台使用模板引擎的机制，将占位符（如 ${username}）置于动态数据的位置，当需要响应请求时，再用具体数据替换模板中的占位符，并返回渲染好的页面。

抽象地看，如果不考虑数据来源问题的话，双向数据绑定的机制也大同小异，它无非是将数据请求和响应的过程置于前端。当用户改变对象状态时，可以看作这里发生了一次请求，对象及与之相关的所有对象的状态值被改变，之后引擎会将模板中有相关变量占位的所有地方重新渲染，并直接呈现（响应）在页面上。

而数据一方面来自用户的直接输入，如从 Input、CheckBox 等组件中获取的值；另一方面，来自开发者在浏览器端预定义的数据，笔者称之为"配置项"。当然，选择哪部分数据投入使用，最终还是取决于用户操作。

如此一来，多语种的切换简直易如反掌，只要把需要切换的地方换成占位符即可。当用户选择中文时，即用中文信息替换占位符；当用户选择其他语言时，也同样用相应的信息替换占位符。而 Vue 的插值绑定恰好提供了这样一种占位符。

在 9.2 节中，笔者已经把需要多语种切换的信息提取出来了，现在我们只需要将其纳入配置。

其中，有一些信息是中英双语可以共用的，配置代码如下：

```
export default {
  GALAXY_REAL_BG: './static/images/rent_car_12.png',
  GALAXY_LAYER_BG: './static/images/rent_car_14.png',
  GALAXY_REAL_TOP: './static/images/rent_car_10.png',
  GALAXY_LAYER_TOP: './static/images/rent_car_11.png',
  DRIVE_STAGE_BG: './static/images/rent_car_14.png',
  DRIVE_STAGE_ACTOR: './static/images/rent_car_26.png',
  CARS_PATH: [
    '/static/images/rent_car_40.png',
    '/static/images/rent_car_42.png',
    '/static/images/rent_car_44.png',
    '/static/images/rent_car_46.png'
  ]
}
```

有一些信息属于媒体资源，配置代码如下：

```
export default {
  chinese: {
    LOGO_PATH: './static/images/rent_car_logo03.png',
```

```
      SLOGAN_PATH: './static/images/rent_car_70.png',
      STEPS_ACTOR_PATH: [
        './static/images/rent_car_52.png',
        './static/images/rent_car_54.png',
        './static/images/rent_car_56.png',
        './static/images/rent_car_57.png'
      ]
    },
    english: {
      LOGO_PATH: './static/images/rent_car_logo06.png',
      SLOGAN_PATH: './static/images/rent_car_69.png',
      STEPS_ACTOR_PATH: [
        './static/images/rent_car_51.png',
        './static/images/rent_car_53.png',
        './static/images/rent_car_55.png',
        './static/images/rent_car_57.png'
      ]
    }
}
```

剩下的都是文本信息，配置代码如下：

```
export default {
  chinese: {
      TITLE: '租车行',
      TRY_LABEL: '立即体验',
      DOWNLOAD_LABEL: '立即下载',
      AUTH_LABEL: '立即认证',
      DETAIL_LABEL: '详细内容',
      MORE_LABEL: '更多',
      STEP_LABEL: '步骤',
      OWNER_LABEL: '所有者',
      DATE_LABEL: '发布日期',
      CARS_TOOLTIP: '点击查看详情',
      STEPS_PROFILE: [
        '打开应用商城，下载并安装 "租车行" APP，"掌握"租车神器',
        '注册成为租车行的会员，并提交信用和资产认证',
        '登录APP，选择你心仪的车型，发起租车请求',
        '我们的工作人员会将租到的车辆开到的指定地点交付给你'
      ],
      CARS_PROFILE: [
        {
          NAME: '虚拟豪车 梅肯达姆',
          OWNER: '哈肯·维姆·莱',
          DATE: '2018-04-20'
        },
        {
```

```
        NAME: '虚拟豪车 瑞恩戴尔',
        OWNER: '瑞安·达尔',
        DATE: '2018-04-20'
      },
      {
        NAME: '虚拟豪车 拉布拉多',
        OWNER: '拉斯穆斯·勒多夫',
        DATE: '2018-04-20'
      },
      {
        NAME: '虚拟豪车 库吉特',
        OWNER: '蒂姆·伯纳斯·李',
        DATE: '2018-04-20'
      }
    ],
    PAGE_ONE_SLOGAN: '千款车型 限量豪车 任你选择',
    PAGE_ONE_SUB_SLOGAN: '位用户选择了租车行',
    PAGE_TWO_SLOGAN: '只需4步,豪车轻松租回家',
    PAGE_THREE_SLOGAN: '众多车型,总有一款合你心意',
    PAGE_FOUR_SLOGAN: '期待你的加入!'
  },
  english: {
    TITLE: 'Rent A Car',
    TRY_LABEL: 'Take a Try',
    DOWNLOAD_LABEL: 'Download',
    AUTH_LABEL: 'Authentication',
    DETAIL_LABEL: 'details',
    MORE_LABEL: 'more',
    STEP_LABEL: 'Step',
    OWNER_LABEL: 'Owner',
    DATE_LABEL: 'Date',
    CARS_TOOLTIP: 'Click for more details.',
    STEPS_PROFILE: [
      'Open the App Store, download and install "Rent Car"',
      'Register and apply for the certification of credit and assets',
      'Make a request for your favorite car in the application',
      'We will send the car to the spot appointed by you'
    ],
    CARS_PROFILE: [
      {
        NAME: 'Fictitious Car Mecoindum',
        OWNER: 'Hakon Wium Lie',
        DATE: '2018-04-20'
      },
      {
        NAME: 'Fictitious Car Vandaiur',
        OWNER: 'Ryan Dahl',
```

```
      DATE: '2018-04-20'
    },
    {
      NAME: 'Fictitious Car Abanledu',
      OWNER: 'Rasmus Lerdorf',
      DATE: '2018-04-20'
    },
    {
      NAME: 'Fictitious Car Keluite',
      OWNER: 'Tim Berners Lee',
      DATE: '2018-04-20'
    }
  ],
  PAGE_ONE_SLOGAN: 'Thousands of Limited Luxury Cars',
  PAGE_ONE_SUB_SLOGAN: 'users choosed Rent Car',
  PAGE_TWO_SLOGAN: 'Four steps to rent a car',
  PAGE_THREE_SLOGAN: 'Big Brand, Just the One',
  PAGE_FOUR_SLOGAN: 'Welcome to join us! '
  }
}
```

现在，所有的信息都已经纳入配置。之后，我们需要做的是将配置导入组件并绑定到视图模板上。

9.3.2 将配置绑定到视图

还记得上一小节中配置项的格式吗？

笔者特意将所有中文和英文的信息分别放在 chinese 和 english 对象下，之后，我们可以巧用 computed 选项来取出配置信息，代码如下：

```
<script>
  import config from '../config'
  export default {
    data () {
      return {
        lang: 'chinese'  // 标识当前的语种
      }
    },
    methods: {
      toggleLang (lang) {  // 切换语言种类
        this.lang = lang
      }
    },
    computed: {
      // 使用计算属性获取配置数据
```

```
      langs () {
        return config.langs[this.lang]
      }
    }
  }
</script>
```

这里还需要一些DOM元素来控制语种开关，笔者选择了一种简单的方式，代码如下：

```
<div class="rc-header-right">
  <a
    href="#"
    :class="{'is-active': this.lang === 'chinese'}"
    @click="toggleLang('chinese')">中文</a> /
  <a
    href="#"
    :class="{'is-active': this.lang === 'english'}"
    @click="toggleLang('english')">English</a>
</div>
```

最后，我们需要将配置信息绑定到组件模板中。

```
<!-- 插值绑定 -->
<h2>{{langs.PAGE_TWO_SLOGAN}}</h2>
<!-- 动态样式绑定 -->
<div
  :style="{backgroundImage: 'url(' + media.STEPS_ACTOR_PATH[stepIndex]
+ ')'}"
  class="rc-bg rc-step-actor"></div>
<!-- 列表渲染 -->
<div
  v-for="(step, index) in langs.STEPS_PROFILE"
  :key="index"
  class="swiper-slide rc-step">
  <div class="rc-step-content">
    <h2 class="rc-step-title">{{langs.STEP_LABEL}} {{index + 1}}</h2>
    <p class="rc-step-profile">{{step}}</p>
    <!-- 不同step中，使用条件渲染显示不同的button组件 -->
    <button
      class="btn"
      ref="pbdt"
      v-if="index === 0">{{langs.DOWNLOAD_LABEL}}</button>
    <button
      class="btn"
      ref="pbat"
      v-if="index === 1">{{langs.AUTH_LABEL}}</button>
  </div>
</div>
```

现在，我们的中英双语网站就建设完成了。当顶栏中的"中文"按钮被激活时，网页信息以中文显示，如图9.6所示。

图 9.6　中文页面

当顶栏中的"English"按钮被激活时，网页信息则以英文显示，如图 9.7 所示。

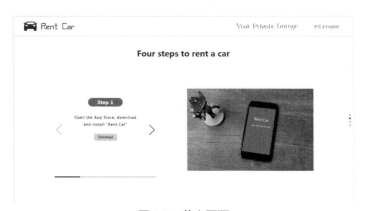

图 9.7　英文页面

到这里，本章内容就算结束了。在本章中，笔者重点讲述了有关响应式设计和中英双语配置的知识点。其实在笔者眼中，这些都只是配置的运用而已。以媒体查询为例，开发者先准备好各种类型设备的样式表配置，当设备符合某种条件时，则采用对应的配置。这是一种泛化的思维，希望能够帮助一些同学提升对编程的理解。

在下一章中，笔者将讲解如何打造一个移动端资讯类 Web 应用，对于 HTML ＋ CSS ＋ JS 基础较深的同学来说，本章的看点在于如何在 Vue 中集成 Vuex 组件。

第 10 章   我的掌上新闻

随着生活节奏不断加快，利用碎片化时间来获取信息已经成为都市青年必不可少的技能，一些资讯类应用也随之迅速发展起来。

本章将要构建的也是一种资讯类应用——移动端 Web 新闻应用。

10.1   应 用 介 绍

笔者为这款应用规划了几张原型页面，下面先来看一下这些页面的视图表现及部分核心功能的实现。

10.1.1   应用首屏

笔者为应用首屏准备了一个酷炫的动画，不过并不是使用 HTML+CSS 制作的，而是用到了一张 GIF 动图。许多时候，使用 HTML+CSS 或 SVG 来制作动画效果并不是良好的选择，即使借助于其他工具也会显得过于烦琐，并且动效的视觉表现范围十分有限。此时，不妨换一个思路，尝试一下使用视频或者动图来表现视图，这也是许多大公司网站的常见做法。动画的结束帧将呈现应用的名称，如图 10.1 所示。

图 10.1   首屏动画结束帧

之后，点击右上角"点击进入"按钮将进入应用首页。

10.1.2 应用首页

应用首页的视图如图 10.2 所示。

图 10.2 应用首页

在该页面中，笔者从上到下设计了搜索栏、Tab 选项卡和新闻列表三块内容。新闻列表由 v-for 指令根据获取的数据生成，代码如下：

```
<ul class="news-list">
  <li
    v-for="(item, index) in list"
    :key="index"
    class="news-item"
    @click="toNews(item)">
    <div class="news-media">
      <img class="news-thumbnail" :src="item.thumbnail">
      <div class="news-profile">
        <p>{{ item.title }}</p>
        <p class="news-mark">
          <Badge v-if="item.isHot" text="热点"></Badge>
          <span>{{ item.source }}</span>  
          <span>{{ item.time | supplyTime }}</span>
```

```
      </p>
    </div>
  </div>
 </li>
</ul>
```

其中，list 是数组类型的变量，用以保存获取的新闻列表，数组元素的格式如下：

```
{
  "id": 0,
  "title": "刚刚，全球首个5G电话打通了！",
  "thumbnail": "./static/images/i01-th.jpg",  // 缩略图，资源放在项目根目
录static文件夹下
  "source": "雷锋网",  // 来源
  "category": "科技",  // 分类
  "time": "2018-09-07 10:16:34",
  "isHot": true,  // 标识新闻是否是热点
  "isRec": true  // 标识新闻是否被推荐
}
```

supplyTime 是笔者定义的过滤器，用以将日期转换为年月日格式，代码如下：

```
filters: {
  supplyTime (value) {
    return value.substring(0, 10)  // 截长即可
  }
}
```

Badge 是一个自定义徽章组件，在这里用于表现"热点"标记，组件代码如下：

```
<template>
  <span
    class="badge"
    :style="{ color: color, borderColor: color, fontSize: fontSize
}">{{ text }}</span>
</template>

<script>
  export default {
    name: 'Badge',
    props: {
      color: {
        default: '#d33d3e',
        validator (value) {
          return value.indexOf('#') === 0 && (value.length === 4 || value.
length === 7)
        }
      },
      text: {
```

```
      default: ''
    },
    fontSize: {
      default: '12px'
    }
  }
}
</script>

<style scoped>
  .badge {
    padding-left: 3px;
    padding-right: 3px;
    border-width: 1px;
    border-style: solid;
    border-radius: 5px;
  }
</style>
```

当我们点击单条新闻时，应用将跳转到新闻详情页。

10.1.3　新闻详情

新闻详情页的视图如图 10.3 所示。

图 10.3　新闻详情页

这里有一个问题，其实每条新闻的内容都不一样，或许插图的位置和数量不一，又或许包含列表等特殊元素，那么我们将如何展示这些内容呢？难道每一条新闻的 DOM 代码都要定制吗？

确实，新闻的 DOM 结构是定制的，不过我们的组件代码却不需要重复书写，只需要使用 v-html 指令将新闻的 DOM 结构数据表现出来就可以了，代码如下：

```
<div class="content">
  <h2>{{ news.title }}</h2>
  <p class="news-profile">{{ news.source }}   {{ news.time }}</p>
  <!-- 使用v-html展示新闻内容-->
  <div v-html="news.content"></div>
  <ul>
    <li class="keyword-item"><i class="fa fa-key"></i></li>
    <li
      v-for="(keyword, index) in news.keywords"
      :key="index"
      class="keyword-item">
      {{ keyword }}
    </li>
  </ul>
</div>
```

news.content 即是新闻的 DOM 结构数据。

这是一种比较常见的做法，但在安全性上存在很大问题，尤其是在与后台进行交互时，核心数据容易泄露，需要辅以一些保护措施，比如加密等。感兴趣的同学可以深入研究一下如何更好地呈现动态 DOM 结构，这里笔者不再多说。

当点击顶栏中的搜索按钮时，应用将跳转到搜索页面。

10.1.4 搜索页面

搜索页面的视图如图 10.4 所示。

在搜索页中，用户可以在输入框中输入关键字或者选择"历史记录"和"猜你想搜的"列表中的关键字以搜索标题中带有关键字的新闻。

图 10.4　搜索页面

　　笔者使用 window.localStorage 来保存用户曾经输入过的关键字，即历史记录中的关键字。在之前的章节中，笔者已经讲过 window.localStorage 的用法，这里不再多说，下面来看一下用其存取和删除历史记录中的关键字的具体代码：

```
getRecord () {  // 读取记录
  let record = window.localStorage.getItem('ztRecord')
  if (record) {
    this.recordKeywords = JSON.parse(record).keywords
  }
},
setRecord () {  // 保存记录
  window.localStorage.setItem('ztRecord', JSON.stringify({
    keywords: this.recordKeywords
  }))
},
removeRecord () {  // 删除记录
  this.recordKeywords = []
  window.localStorage.removeItem('ztRecord')
}
```

　　recordKeywords 是被定义在 data 选项中的变量，用以动态生成历史记录区块。当用户点击区块上的删除图标时，removeRecord 方法将被调用，此时区块将被隐藏，如

图 10.5 所示。

图 10.5　历史记录被隐藏后

这里笔者用到 v-if 指令来控制区块的显示和隐藏，代码如下：

```
<!-- 根据历史记录关键字列表是否为空进行判断 -->
<div class="search-banner" v-if="recordKeywords.length">
  <div class="banner-title">
    <span>历史记录</span>
    <i class="fa fa-trash btn-banner" @click="removeRecord"></i>
  </div>
  <ul class="keyword-list">
    <li
      v-for="(keyword, index) in recordKeywords"
      :key="index"
      class="keyword-item one-line"
      @click="toResultByRecord(keyword)">{{ keyword }}</li>
  </ul>
</div>
```

当输入关键字并点击"搜索"按钮或选择"历史记录""猜你想搜的"区块中的关键字时，应用将跳转到搜索结果页。

10.1.5　搜索结果

搜索结果页的视图如图 10.6 所示。

图 10.6　搜索结果页

该页与应用首页相似，不过并未加入 Tab 选项卡，这里不再多说。

10.2　项目构建

关于应用的各个页面，笔者已在上一小节中进行过讲解。不过，项目是如何构建成一个整体的呢？

在本节中，笔者将对项目的构建进行详细讲解。

10.2.1　项目结构

该项目也是由 Vue CLI 快速构建而成的，src 目录结构如图 10.7 所示。

图 10.7   src 目录结构

关于 components、router、assets、widgets、App.vue、main.js，笔者就不再多说了。下面我们来看一下 data、store 和 ajax 目录的作用。

在这里，笔者引入 Vuex 并试图模拟完整的前后台交互流程，其中 data 目录充当着数据库的角色，里面存储着应用的所有动态数据，如图 10.8 所示。

图 10.8   data 目录中的文件

Category.json 中保存着新闻的分类数据；List.json 中保存着新闻的简介数据；News.json 中保存着新闻的 DOM 结构数据并通过 id 字段与新闻的简介数据建立关联。

ajax 目录负责完成与后台接口的对接，并将数据导流到 Vuex 全局状态管理器中，下面我们以 ajax/News.js 文件为例进行分析，文件代码如下：

```
import News from '@/data/News'
import List from '@/data/List'
```

```
export default {
  getNews (cb, { id }) {
    setTimeout(() => {
      let profile = List.data.find(item => item.id === Number(id))
      let detail = News.data.find(item => item.id === Number(id))
      cb(Object.assign(profile, detail))  // 使用Object.assign合并对象
    }, 10)
  }
}
```

首先，笔者引入了 data 目录下的数据，并使用 setTimeout 定时器来模拟异步交互，然后以回调函数的方式将匹配参数 id 的新闻数据导出。在这里，回调函数 cb 十分重要，笔者将在调用 GetNews 方法的地方对其进行定义。

还记得有关 Vuex 的知识点吗？（请复习第六章内容）

笔者在本章中引入 Vuex，用以演示其实战用法，在 store 目录中存储的即是项目的全局状态管理器。

这里，笔者采用了分模块的使用方法，使每一个数据块都拥有对应的管理模块，并在 store/index.js 文件中将其整合，store/index.js 文件的代码如下：

```
import Vue from 'vue'
import Vuex from 'vuex'
import Category from './modules/Category'
import List from './modules/List'
import News from './modules/News'

Vue.use(Vuex)

export default new Vuex.Store({
  modules: {
    Category,
    List,
    News
  }
})
```

在文件中，笔者为 Vue 注册了 Vuex 组件，并为 Vuex.Store 挂载了 Category、List 和 News 三个模块。

之后，我们将在 main.js 中引入该文件，并为 Vue 实例挂载 store 对象，代码如下：

```
import Vue from 'vue'
import App from './App'
import router from './router'
import store from './store'
```

```
import '@/assets/stylesheets/base.css'
import 'font-awesome/css/font-awesome.min.css'

Vue.config.productionTip = false

/* eslint-disable no-new */
new Vue({
  el: '#app',
  router,
  store,
  components: { App },
  template: '<App/>'
})
```

下面，我们以 store/modules/News.js 为例来看一下全局状态管理器中的模块是如何定义的，文件代码如下：

```
import ajax from '@/ajax/News'

const state = {
  news: []
}

const getters = {
  news: state => state.news
}

const mutations = {
  setNews (state, news) {
    state.news = news
  }
}

const actions = {
  getNews ({ commit }, payload) {
    ajax.getNews(news => {   // 以匿名方式声明回调函数
      commit('setNews', news)
    }, payload)
  }
}

export default {
  namespaced: true,   // 声明为独立命名空间
  state,
  getters,
  mutations,
  actions
}
```

由 actions 进行异步交互并将获取的数据传入 mutations 以设置 state 中的状态，之后再由 getters 衍生数据链，这即是 Vuex 模块运行的完整流程。

在这里，笔者调用了模拟的后台交互接口 GetNews，该方法被声明在上文中提到过的 ajax/News.js 文件中。笔者为 GetNews 定义的回调函数用于提交 mutations，以将获取的数据传入 state。

之后，笔者将在新闻组件中调用该模块，相关代码如下：

```
<script>
  import { mapGetters, mapActions } from 'vuex'
  export default {
    name: 'NewsPage',
    mounted () {
      this.$nextTick(function () {
        this.getNews({
          id: this.$route.query.id  // 获取地址栏路径中的id参数
        })
      })
    },
    computed: {
      ...mapGetters('News', ['news'])
    },
    methods: {
      ...mapActions('News', ['getNews'])
    }
  }
</script>
```

在本节内容中，笔者讲述了在 Vue 项目中集成 Vuex 的一套成熟流程。在实际开发中，我们只需要将 ajax 目录下的代码改成真正与后台交互的 AJAX 请求即可，其他部分根据实际需求"依样画葫芦"。

也许有的同学会有疑问，为什么要划分这么多层次呢？直接在 Vue 组件中进行 AJAX 交互不就可以了吗？

确实，我们的确可以在组件中直接进行 AJAX 交互，静态数据也可以直接放在组件中。但在开发多人协作的大型复杂应用时，这种做法是非常不明智的。

首先，在处理跨组件和分散的状态管理、状态追踪时，全局状态管理器至关重要；其次，使用全局状态管理器也可以有效减轻视图组件的负担，而分层次的开发架构可以将一致的操作集中在一起管理，还可以减轻其他层次的重量。这些均是有利于项目维护、重构、二次开发的最佳实践。也许当前你并没有切身体会，但平时养成的良好习惯必将会使你在身处更高舞台时游刃有余。

10.2.2 数据流图

笔者简单绘制了一张数据流向示意图，如图 10.9 所示。

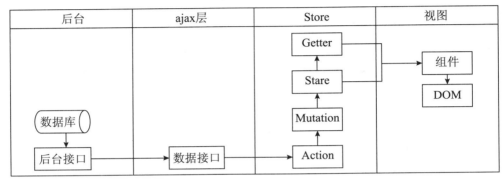

图 10.9 数据流向

这是笔者推荐的一种在 Vue 项目开发中集成 Vuex 的架构模型。当然，这只是一种选择，仅供参考。

到这里，本章内容已经基本结束了。在本章中，笔者用到的都是 Vue 的基本功能和语法，最重要的知识点是 Vuex 的集成。之后，项目源码将随书附赠，希望同学们能够查看和练习一下。

在下一章中，笔者将使用 Vue 和 SVG 制作一个 PC 端工具类网站——SVG 画图板，有 SVG 基础的同学可以先尝试规划一下自己的开发方案。

第 11 章　SVG 画图板

想必同学们在日常生活和学习中一定接触过如 Office Online、Process On、易企秀等工具类网站。这类网站所起到的作用虽然在桌面应用中一样能实现，但正如 B/S 架构优于 C/S 架构的地方，其随处可用（免下载、免安装、免升级）的优点依然吸引了大量用户。

本章要讲述的就是一个工具类网站——SVG 画图板，下面进入章节内容。

11.1　SVG 简介

对于具备 SVG 基础的同学来说，本章内容应该并不复杂。而对 SVG 不熟悉的同学也不必担心，本节将先讲述用到的 SVG 知识点。

11.1.1　有关SVG的三个问题

笔者之前听到过一句话："认识新事物的正确方法，是要搞清楚三个问题：是什么（what/who）？为什么用（why）？怎么用（how）？"笔者将带着这三个问题开始讲解本节的内容。

SVG 是什么？

简单地说，SVG（Scalable Vector Graphics，可伸缩矢量图形）是一种基于 XML 的图片格式，它的图片质量在尺寸放大或缩小时并不会损失。

为什么要用 SVG？

SVG 作为图片格式的最大优点在定义中已经提过，即它是可伸缩的，在放大和缩小时，图片质量不会下降。

其次，由于 SVG 基于 XML 生成，所以开发者可以将 SVG 元素作为 DOM 元素处理（意味着可以使用 JS 和 CSS 代码来控制 SVG 中的元素），甚至可以在记事本中编辑 SVG 图片。

除此之外，各家浏览器的兼容（除 IE8 以下版本）也是让 SVG 被广泛使用的重要因素。

那么，怎么使用 SVG 呢？我们先来看一个简单的示例，代码如下：

```
<!DOCTYPE svg PUBLIC "-//W3C//DTD SVG 1.1//EN"
"http://www.w3.org/Graphics/SVG/1.1/DTD/svg11.dtd">
<svg xmlns="http://www.w3.org/2000/svg" version="1.1" style="background-
color:#e5e5e5;">
  <circle cx="100" cy="50" r="40" stroke="black" stroke-width="2" fill="white"/>
</svg>
```

这段代码声明文档类型为 SVG，并引入了相应的命名空间以解析 SVG 代码。之后，笔者在画布上绘制了一个圆心坐标（cx，cy）为（100，50）、半径 r 为 40 的圆，并用黑色描边（stroke），用白色填充（fill），如图 11.1 所示。

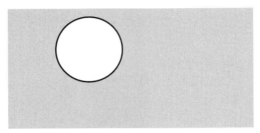

图 11.1　SVG 示例

你可以把这段代码保存到任意以 .svg 为后缀的文件中，之后在浏览器端打开文件即可看到上述视图。当然，我们也可以使用其他办法来引用这个文件，代码如下：

```
<!-- 图片方式 -->
<img src="./index.svg"><br>
<!-- 框架方式 -->
<iframe src="./index.svg"></iframe>
<!-- 背景方式 -->
<div style="width: 300px;height: 150px;background: url(./index.
svg)"></div>
```

除此之外，我们还可以在 HTML 代码中直接使用 SVG 元素，示例代码如下：

```
<!DOCTYPE html>
<html>
<head>
  <title></title>
</head>
<body>
  <svg xmlns="http://www.w3.org/2000/svg" width="300px" height="150px"
    style="background-color: #e5e5e5;">
    <circle cx="100" cy="50" r="40" stroke="black" stroke-width="2"
fill="white"></circle>
  </svg>
</body>
</html>
```

以上各示例代码的运行结果均如图 11.1 所示。除了本节中用到的圆形，SVG 还提供了许多基本图形，笔者将在下一小节中进行讲述。

11.1.2　基本图形的使用

SVG 提供了一些基本图形供开发者使用，这些图形包括矩形 <rect>、圆 形 <circle>、椭圆 <ellipse>、线段 <line>、折线 <polyline>、多边形 <polygon> 和路径 <path> 等。

除了一些公用属性（如 stroke、stroke-width、fill 等）之外，每个图形还拥有独特的属性用以定义图形的外观。下面来看一个示例，示例包含了上述所有的图形，代码如下：

```
<svg
  xmlns="http://www.w3.org/2000/svg"
  width="600px"
  height="600px"
  viewBox="0 0 1200 1200"
  style="border: 1px solid #ccc;">
  <!-- 以左上角坐标(x, y)、宽度width和高度height来定义矩形 -->
  <rect x="50" y="50" width="300" height="300"
        stroke="#000000" fill="#fff" stroke-width="3"></rect>
  <!-- 以圆心坐标(cx, cy)和半径r来定义圆形 -->
  <circle cx="600" cy="200" r="150"
        stroke="#000000" fill="#fff" stroke-width="3"></circle>
  <!-- 以圆心坐标(cx, cy)、水平半径rx和垂直半径ry来定义椭圆 -->
  <ellipse cx="1000" cy="200" rx="150" ry="100"
        stroke="#000000" fill="#fff" stroke-width="3"></ellipse>
  <!-- 以起点坐标(x1, y1)和终点坐标(x2, y2)来定义线段 -->
  <line x1="50" y1="450" x2="350" y2="750"
        stroke="#000000" stroke-width="3"></line>
  <!-- 以路径上各拐点的坐标(x1, y1)……(xn, yn)来定义折线 -->
  <polyline points="600,450 750,600 600,750 450,600"
        stroke="#000000" fill="#fff" stroke-width="3"></polyline>
   <!-- 以路径上各拐点的坐标(x1, y1)……(xn, yn)来定义多边形，终点将连接起点形成
闭合 -->
  <polygon points="1000,450 1150,600 1000,750 850,600"
        stroke="#000000" fill="#fff" stroke-width="3"></polygon>
  <!-- 以各种线段和曲线的变形方式来定义路径，这里不再拓展 -->
  <path d="M100,1050A100,150,30,1,1,200,1150M100,1050A70,150,30,0,1,200,1150"
        stroke="#000000" fill="#fff" stroke-width="3"></path>
</svg>
```

示例代码的运行结果如图 11.2 所示。

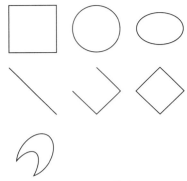

图 11.2   SVG 基本图形

除此之外，本章所演示的项目还将用到 SVG 中的渐变。

11.1.3   SVG中的渐变

SVG中的渐变主要分为线性渐变（Linear Gradient）和径向渐变（Radial Gradient）两种。
我们先来看一个有关线性渐变的示例，代码如下：

```
<body>
<svg
    xmlns="http://www.w3.org/2000/svg"
    width="600px"
    height="300px"
    viewBox="0 0 600 300"
    style="border: 1px solid #ccc;">
  <!-- 渐变需要在defs(definitions)元素中定义 -->
  <defs>
    <!-- 渐变需要提供id以便图形引用 -->
    <!-- 线性渐变需要确定渐变起始位置(x1, y1)和渐变终止位置(x2, y2) -->
    <LinearGradient id="linear" x1="0%" y1="0%" x2="100%" y2="0%">
      <!-- 定义渐变方向上各变化点(色站)的属性 -->
      <!-- offset代表位置, stop-color代表颜色, stop-opacity代表透明度 -->
      <stop offset="0%" stop-color="#000000" stop-opacity="1"></stop>
      <stop offset="100%" stop-color="#ffffff" stop-opacity="1"></stop>
    </LinearGradient>
  </defs>
  <!-- 在fill中引用渐变 -->
  <rect x="25" y="50" width="150" height="200" fill="url(#linear)"></rect>
  <circle cx="300" cy="150" r="100" fill="url(#linear)"></circle>
  <ellipse cx="500" cy="150" rx="75" ry="100" fill="url(#linear)"></ellipse>
</svg>
</body>
```

线性渐变的定义和使用其实并不复杂。

首先，我们需要确定渐变的起始位置和终止位置，从起始位置到终止位置的连线即是渐变的方向。在示例中，笔者设置起始位置为（0%，0%），终止位置为（100%，0%），这是一个水平方向的线性渐变。

之后，笔者在渐变的起点和终点处各设置了一个色站，两者的不透明度均为 1，颜色分别为黑色和白色。

最后，当我们需要为图形填充渐变时，只需要将图形的 fill 属性与渐变的 id 关联即可。示例代码的运行结果如图 11.3 所示。

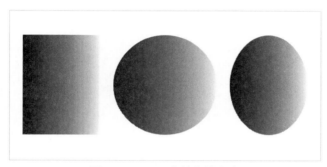

图 11.3　SVG 中的线性渐变

径向渐变的定义、使用与线性渐变类似，关键是渐变形状和方向的定义有所不同。下面来看一个示例，代码如下：

```
<body>
<svg
    xlmns="http://www.w3.org/2000/svg"
    width="600px"
    height="300px"
    viewBox="0 0 600 300"
    style="border: 1px solid #ccc;">
  <!-- 渐变需要在defs(definitions)元素中定义 -->
  <defs>
    <!-- 渐变需要提供id以便图形引用 -->
    <!-- 径向渐变需要确定渐变中心位置(cx, cy)、渐变半径和渐变焦点位置(fx, fy) -->
    <!-- 渐变中心是渐变主体相对于图形的位置 -->
    <!-- 渐变焦点是渐变开始的位置 -->
    <RadialGradient id="radial" cx="50%" cy="50%" r="50%" fx="50%" fy="50%">
      <stop offset="0%" stop-color="#000000" stop-opacity="1"></stop>
      <stop offset="100%" stop-color="#ffffff" stop-opacity="1"></stop>
    </RadialGradient>
```

```
</defs>
<!-- 在fill中引用渐变 -->
<rect x="25" y="50" width="150" height="200" fill="url(#radial)" stroke=
"#ccc"></rect>
  <circle cx="300" cy="150" r="100" fill="url(#radial)" stroke="#ccc"></
circle>
  <ellipse cx="500" cy="150" rx="75" ry="100" fill="url(#radial)" stroke=
"#ccc"></ellipse>
</svg>
</body>
```

示例代码的运行结果如图 11.4 所示。

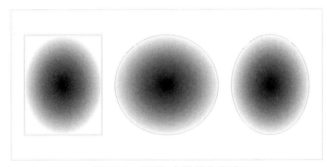

图 11.4　SVG 中的径向渐变

关于 SVG 的知识点有很多，笔者只介绍了项目中用到的一些内容。不过，国内也有许多 SVG 相关的优秀教程，感兴趣的同学可以自行学习。

在学习过本节内容之后，同学们是否能想到在 SVG 图形的绘制中，Vue 的哪些机制能够大显身手呢？

11.2　项目介绍

本章中的项目也是由 Vue CLI 快速构建而成，在项目结构方面并没有什么特殊之处。我们先来看一下项目的各部分页面。

11.2.1　页面介绍

项目的首屏视图如图 11.5 所示。

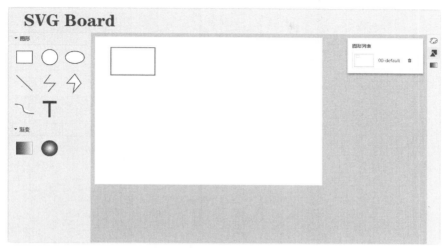

图 11.5　SVG Board

在顶部区域中，笔者放置了网站 logo 图片。在左侧工具栏中，用户可以选择 SVG 的基本图形、文本和渐变添加到画板中。在右侧菜单栏中，用户可以选择调出画板设置、图形列表、图形设置、渐变列表和渐变设置等面板来配置相关对象的参数。中间区域即是我们的 SVG 画板。页面的布局结构如图 11.6 所示。

图 11.6　页面布局的代码结构

当用户添加图形到画板上时，页面视图如图 11.7 所示。

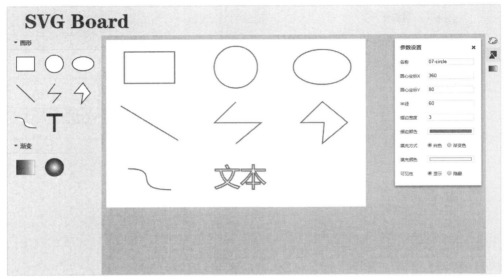

图 11.7　添加图形后

当用户修改图形的参数之后，页面的视图如图 11.8 所示。

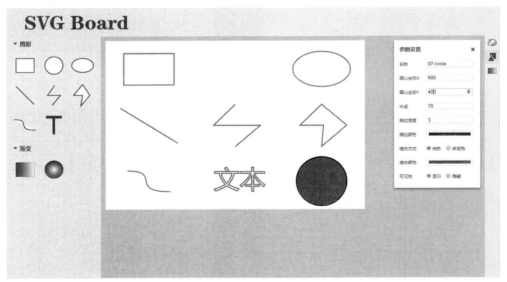

图 11.8　修改图形参数后

当用户选择新建渐变色时，页面的视图如图 11.9 所示。

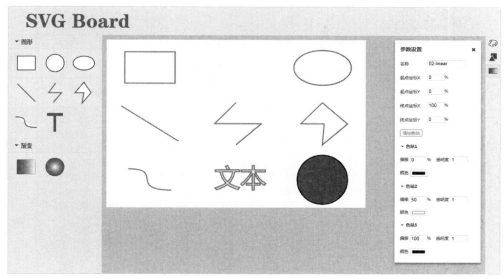

图 11.9　新建渐变色

当用户将渐变色赋予图形之后，页面的视图如图 11.10 所示。

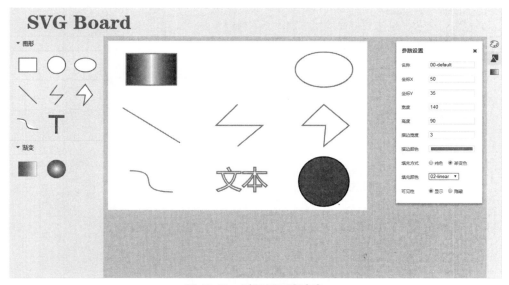

图 11.10　赋予图形渐变色

笔者使用该画板绘制了一幅简笔画，如图 11.11 所示。

图 11.11　画板作品：Slient Night

由于笔者并未花费太多时间进行设计，所以简笔画的构图较为粗糙，不过大致能够体现画图板的作用就足够了，用户完全可以使用该画板设计出更好看和更有趣的作品。

11.2.2　代码简析

下面的示例演示了笔者是如何生成 SVG 画板内容的，代码如下：

```
<svg
  class="stage"
  xlmns="http://www.w3.org/2000/svg"
  :width="boardWidth"
  :height="boardHeight"
  :viewBox="viewBox"
  :style="{ backgroundColor: boardBgColor }">
  <defs
    v-for="gradient in gradientList"
    :key="'g' + gradient.id">
    <!-- 以线性渐变为例 -->
    <linearGradient
      v-if="gradient.type === 'linear'"
      :id="gradient.name"
      :x1="gradient.x1 + '%'"
      :y1="gradient.y1 + '%'"
      :x2="gradient.x2 + '%'"
```

```
          :y2="gradient.y2 + '%'">
          <stop
            v-for="(stop, index) in gradient.stops"
            :key="index"
            :offset="stop.offset + '%'"
            :stop-color="stop.color"
            :stop-opacity="stop.opacity"></stop>
      </linearGradient>
      <!-- 此处省略部分代码 -->
    </defs>
    <g
      v-for="shape in shapeList"
      :key="'s' + shape.id">
      <!-- 以矩形为例-->
      <rect
        v-show="shape.isHidden < 0"
        class="actor"
        v-if="shape.type === 'rect'"
        :x="shape.x"
        :y="shape.y"
        :width="shape.width"
        :height="shape.height"
        :fill="shape.fill"
        :stroke="shape.stroke"
        :stroke-width="shape.strokeWidth"
        @click="handleShapeClick(shape)"></rect>
      <!-- 以圆形为例-->
      <circle
        v-show="shape.isHidden < 0"
        class="actor"
        v-else-if="shape.type === 'circle'"
        :cx="shape.cx"
        :cy="shape.cy"
        :r="shape.r"
        :fill="shape.fill"
        :stroke="shape.stroke"
        :stroke-width="shape.strokeWidth"
        @click="handleShapeClick(shape)"></circle>
      <!-- 此处省略部分代码 -->
    </g>
</svg>
```

笔者将所有的图形和渐变分别保存在数组 shapeList 和 gradientList 中，之后在 SVG 画板中组合使用 v-for 和 v-if 指令以生成相应的元素，数组元素 shape 对象和 gradient 对象的 type 属性十分重要，它标识了待生成元素的类型。

当用户点击左侧工具栏选项以添加图形或者渐变时，createShape 和 createGradient 方法将被调用，笔者以 createShape 为例进行讲解，方法的代码如下：

```
createShape (type) {
    // 取数组中最大的id，将其加1以生成新的id
    let id = this.shapeList.length
        ? Math.max(...(this.shapeList.map(shape => shape.id))) + 1
        : 0
    // 共有属性
    let prototype = {
        id,
        name: this.toHex(id) + '-' + type,
        type,
        isHidden: -1,
        stroke: '#4e9bd4',
        fillType: 'pure',
        fill: '#ffffff',
        strokeWidth: 3
    }
    // 独有属性
    let partial = {   // 各图形的属性和预置参数
        rect: { x: 50, y: 35, width: 140, height: 90 },
        circle: { cx: 360, cy: 80, r: 60 },
        ellipse: { cx: 600, cy: 80, rx: 80, ry: 50 },
        line: { x1: 40, y1: 190, x2: 200, y2: 290 },
        polyline: { points: '360,180 300,240 430,240 360,300' },
        polygon: { points: '600,180 540,240 605,240 600,300 670,240' },
        path: { d: 'M60,370C160,370,60,430,180,430' },
        text: { x: 300, y: 420, fontSize: 72, text: '文本' }
    }[type]
    // 合并图形属性
    let shape = Object.assign(prototype, partial)
    // 将图形对象加入数组
    this.shapeList.push(shape)
    // 将该对象设为正在编辑的图形
    this.shapeItem = shape
    // 控制页面显示图形面板
    this.activeBar = 'shape'
    // 控制页面显示图形设置面板
    this.isShapeList = false
}
```

createShape 方法生成的即是 shapeList 数组中的对象。

在该方法中，笔者先获取 shapeList 数组中最大的 id 编号，将其加 1 作为新对象的 id。之后，笔者声明了 prototype 对象和 partial 对象，用于保存各个图形共有的和特有的属性。在对象属性合并之后，笔者将其加入数组，Vue 将根据对象属性来自动绘制图形。

在代码中，笔者还对变量 shapeItem、activeBar 和 isShapeList 进行了修改。那么，这些变量具有什么作用呢？笔者将部分 DOM 结构抽离出来，代码如下：

```html
<!-- 设置面板 -->
<div class="setting-panel" v-if="activeBar !== 'none'">
  <!-- 画板设置 -->
  <div v-if="activeBar === 'board'">
    <!-- 此处省略画板设置的相关代码 -->
  </div>
  <!-- 图形设置 -->
  <div v-else-if="activeBar === 'shape'">
    <!-- 图形列表面板 -->
    <div v-if="isShapeList">
      <h4 class="setting-title">图形列表</h4>
      <ul class="shape-list" v-if="shapeList.length">
        <li
          v-for="shape in shapeList"
          :key="shape.id"
          :title="shape.name"
          class="shape-list-item"
          @click="toggleShapeItem(shape)">
          <!-- 此处省略列表项的渲染代码 -->
        </li>
      </ul>
    </div>
    <!-- 图形设置面板 -->
    <div v-else>
      <h4 class="setting-title">
        参数设置
        <span
          class="fa fa-close setting-closer"
          @click="backTo('shapeList')"></span>
      </h4>
      <!-- 矩形面板 -->
      <div v-if="shapeItem.type === 'rect'">
        <!-- 此处省略矩形设置面板的相关代码 -->
      </div>
      <!-- 圆形面板 -->
      <div v-else-if="shapeItem.type === 'circle'">
        <!-- 此处省略圆形设置面板的相关代码 -->
      </div>
      <!-- 此处省略各种图形设置面板的相关代码， -->
    </div>
  </div>
  <!-- 渐变设置 -->
  <div v-else-if="activeBar === 'gradient'">
    <!-- 渐变列表面板 -->
    <div v-if="isGradientList">
```

```
      <h4 class="setting-title">渐变列表</h4>
      <!-- 渐变列表 -->
      <ul class="shape-list" v-if="gradientList.length">
         <!-- 此处省略列表项渲染的相关代码，-->
      </ul>
   </div>
   <!-- 渐变设置面板 -->
   <div v-else>
      <!-- 此处省略渐变设置面板的相关代码 -->
   </div>
  </div>
</div>
```

在这段代码中，条件渲染的嵌套结构一共有三层。

在第一层中有画板、图形和渐变三个面板，由变量 activeBar 来控制显示哪一个面板。

在第二层中，图形面板又分为图形列表和图形设置两个面板，由变量 isShapeList 来控制显示哪一个面板；渐变面板又分为渐变列表和渐变设置两个面板，由变量 isGradientList 来控制显示哪一个面板。

当点击图形或渐变列表中的元素时，面板将进入第三层结构。以图形面板为例，应用将根据图形的类型（shape.type）来显示相应的设置面板，以供用户来配置图形的各项参数。笔者将上述过程绘制成一张示意图，如图 11.12 所示。

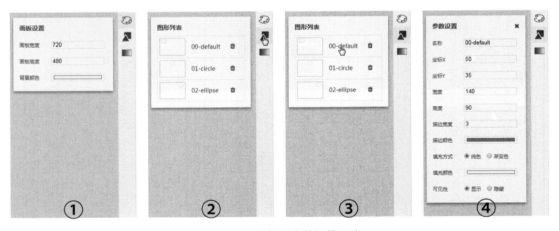

图 11.12　面板层次的切换顺序

当点击图形列表中的元素时，面板将进入图形的参数设置界面，可是我们如何来记录当前配置的是哪一个元素呢？

　　不知同学们是否留意到，在上述抽离出的 DOM 结构代码中，笔者在渲染图形列表时为列表元素添加了一个点击监听事件。当列表项被点击，toggleShapeItem 方法将被调用，方法的代码如下：

```
toggleShapeItem (shape) {
  this.isShapeList = false
  this.shapeItem = shape
}
```

　　因为此时面板所处的位置为图形列表，所以只需修改 isShapeList 的值即可将面板切换到图形设置，这行代码用于切换面板的视图显示。之后，笔者将选中的图形对象赋值给 shapeItem 对象。shapeItem 中的数据将和视图进行双向绑定，以矩形为例，代码如下：

```
<!-- 矩形面板 -->
<div v-if="shapeItem.type === 'rect'">
  <div class="setting-row">
    <label class="setting-label" for="name">名称</label>
    <input id="name" class="ipt-setting setting-value" type="text" v-model=
"shapeItem.name">
  </div>
  <div class="setting-row">
    <label class="setting-label" for="x">坐标X</label>
    <input id="x" class="ipt-setting setting-value" min="0" type="number"
v-model="shapeItem.x">
  </div>
  <div class="setting-row">
    <label class="setting-label" for="y">坐标Y</label>
    <input id="y" class="ipt-setting setting-value" min="0" type="number"
v-model="shapeItem.y">
  </div>
  <div class="setting-row">
    <label class="setting-label" for="width">宽度</label>
     <input id="width" class="ipt-setting setting-value" min="0" type="number"
v-model="shapeItem.width">
  </div>
  <div class="setting-row">
    <label class="setting-label" for="height">高度</label>
    <input id="height" class="ipt-setting setting-value" min="0" type="number"
v-model="shapeItem.height">
  </div>
  <div class="setting-row">
    <label class="setting-label" for="strokeWidth">描边宽度</label>
    <input id="strokeWidth" class="ipt-setting setting-value" min="0"
type="number" v-model="shapeItem.strokeWidth">
  </div>
  <div class="setting-row">
```

```html
    <label class="setting-label" for="stroke">描边颜色</label>
    <input id="stroke" class="ipt-setting setting-value" type="color"
v-model="shapeItem.stroke">
  </div>
  <div class="setting-row">
    <label class="setting-label">填充方式</label>
    <input id="pure" name="fill" type="radio" value="pure" v-model="shapeItem.
fillType" @click="initialFillColor('pure')"><!--
    --><label for="pure"> 纯色</label>
      
    <input id="mixed" name="fill" type="radio" value="mixed" :disabled=
"!gradientList.length" v-model="shapeItem.fillType" @click="initialFi
llColor('mixed')"><!--
    --><label for="mixed"> 渐变色</label>
  </div>
  <div class="setting-row" v-if="shapeItem.fillType === 'pure'">
    <label class="setting-label" for="fill">填充颜色</label>
    <input id="fill" class="ipt-setting setting-value" type="color" v-model=
"shapeItem.fill">
  </div>
  <div class="setting-row" v-else-if="shapeItem.fillType === 'mixed'">
    <label class="setting-label" for="mixedSelect">填充颜色</label>
    <select id="mixedSelect" name="mixed" v-model="shapeItem.fill">
      <option v-for="option in gradientList" :key="option.id" :value="'url
(#' + option.name + ')'">{{ option.name }}</option>
    </select>
  </div>
  <div class="setting-row">
    <label class="setting-label">可见性</label>
    <input id="show" name="radio" type="radio" value="-1" v-model="shapeItem.
isHidden"><!--
    --><label for="show"> 显示</label>
      
    <input id="hide" name="radio" type="radio" value="1" v-model="shapeItem.
isHidden"><!--
    --><label for="hide"> 隐藏</label>
  </div>
</div>
```

基于 JS 对象引用的原理，当用户修改 shapeItem 对象中的数据时，shapeList 数组中相应的数据也将被修改，SVG 画板上的图形属性也将随之改变。

到这里，本章内容基本结束。项目的难点主要在于对 SVG 的理解程度和对 Vue 各项语法综合运用的熟练度。希望同学们不要抱着代码软磨硬泡，而是要学会在观察中总结，在总结中实践和提升。

　　每一个项目都不是一蹴而就的，开始的计划总是随着局势（团队领导者的想法、市场变动、客户需求等）的变化不断地被修改，项目总是在一次次试错的过程中不断地成长和成熟。在反复的优化和重构后，项目才有了最终的模样，这是一个螺旋上升的过程。

　　技术也是如此，甚至说人的一生也是如此。看过很多，懂得很多，才有了你现在的模样。别人的人生终归是别人的，你不亲身经历一番，将永远不会有那样的感受。代码也是如此，你不亲自去写一下，就永远不是你的。

　　最后，祝愿同学们在职业生涯中越走越顺。

附 录

拓展篇

附录 A　Git 入门

1. 傻瓜？无用之人？

Git 的中文翻译是"傻瓜、无用的人"，为什么这样一款流行的工具会起这样一个名字呢？

坊间流传 Git 的创始人 Linus（Linux 之父）曾说过一句话："我是个自负的混蛋，所有我的项目都以我自己的名字命名，先有 Linux，现在是 Git。"

Linus 也曾在公共场合表示过对 Git 的看法："Git，the stupid content tracker"。Git，傻瓜内容追踪器。如傻瓜相机一样，这里的"傻瓜"指的是让复杂的操作变得更简单。

也有人认为 Git 是"Global information tracker"的缩写。如果将项目整体认为是"全局"，项目文件内容认为是"信息"，文件内容的增删改查认为是"跟踪"，Git 的本质的确是"全局信息跟踪"。

回到定义上来，Git 是一个开源的分布式版本控制系统，可有效地帮助团队进行多人协作开发。

在 Git 项目开始时，项目保有一个远程的中央仓库，团队成员在本地克隆中央仓库的副本。之后，团队成员开始各自的工作，此时每位成员的项目基线都领先于中央仓库却又各自不同。如果将每个成员的工作成果合并在一起，即得到项目的最新状态，也可以说项目的最新状态是分散在每个成员的本地仓库中的，这即是分布式的概念，如图 A.1 所示。

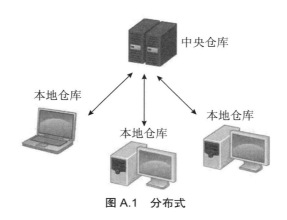

图 A.1　分布式

　　在某种情况下，项目需要回到以前的某个状态（比如遇到程序出错、需求变动等情况），又或者团队带头人需要查看项目各部分的责任人，这也正是版本控制系统所要处理的问题。Git 在用户提交代码时将建立版本记录，允许用户查看每次提交的内容和相关信息（如提交人、提交时间等），也允许用户将项目回退到之前的某个版本。

　　Git 的用法并不复杂，由于工作流程较为琐碎，在此不再演示，笔者在后面推荐了一些相关资料，感兴趣的同学可以去看一下。

2. 常用命令

　　下面笔者列举了一些常用的 Git 命令：

```
# 克隆远程仓库
git clone
# 初始化一个仓库
git init
# 将文件修改添加到缓冲区
git add
# 移动或重命名一个文件、文件夹或快捷方式
git mv
# 回退项目版本
git reset
# 将文件修改从缓冲区中移除
git rm
# 显示项目当前状态
git status
# 显示项目日志
git log
# 显示项目分支
git branch
# 切换分支或重置文件
git checkout
# 提交项目修改到仓库
git commit
# 对比版本之间、版本和当前工作状态之间的差异
git diff
# 合并文件
git merge
# 将新的提交放在另一个分支的上面
git rebase
# 创建、显示、校验标签对象
git tag
# 拉取其他仓库的对象和索引
git fetch
```

```
# 拉取其他仓库内容并和本地分支合并
git pull
# 更新远程仓库
git push
```

3. 相关推荐

Git 下载地址：https：//git-scm.com/

Git 英文教程（基本原理）：https：//jwiegley.github.io/git-from-the-bottom-up/

Git 中文教程（命令用法）：https：//github.com/lonelydawn/git-recipes/

Git GUI 推荐：Source Tree：https：//www.sourcetreeapp.com/

GitHub 官方：GUI：https：//desktop.github.com/

Git 项目托管平台推荐：

GitHub：https：//github.com/

BitBucket：https：//bitbucket.org/

附录 B　NPM 入门

1. 简介

NPM 是什么？从字面意思上来看，NPM（Node Package Manager）是一个 NodeJS 包管理和分发工具。但从其诞生至今，它以其优秀的依赖管理机制和庞大的用户群体，已经发展成为整个 JS 领域的依赖管理工具。同时，它也是世界上最大的代码包注册库，这个仓库收纳了超过 60 万个代码包，每周有超过 30 亿的下载次数。

2. 基础用法

NPM 最常见的用法就是用于安装和更新依赖。要使用 NPM，首先要安装 Node 工具，Windows 用户可到官网下载安装工具。当安装程序完成后，在命令行输入以下命令：

```
npm --version
```

如果出现版本号信息，则表示安装成功。之后，新建 index 目录，在目录下打开命令行，输入以下命令：

```
npm init
```

然后一路按回车，直到出现"Is this ok？（yes）"为止。此时，index 目录下将出现 package.json 文件，这即是 NPM 的配置文件。下面，我们以 jQuery 为例来安装一下依赖。在命令行输入：

```
npm install jquery --save
```

此时，index 下将出现 node_modules 目录，这里面存放的即是下载好的依赖。接下来在 index 目录下创建 index.html 文件，文件代码如下：

```
<!DOCTYPE html>
<html>
<head>
  <title></title>
</head>
<body>
  <h1 id="title">Hello World</h1>
  <script type="text/javascript" src="./node_modules/jquery/dist/jquery.min.
js"></script>
```

```
<script type="text/javascript">
  $('#title').css({   // 使用jQuery为元素设置样式
    color: '#999',
    fontSize: '36px',
    fontStyle: 'italic'
  })
</script>
</body>
</html>
```

之后，在浏览器中打开 index.html，页面如图 B.1 所示。

Hello World

图 B.1　使用 jQuery 为元素设置样式

这表示 jQuery 被成功引用了。

3. 淘宝镜像

由于 NPM 的仓库在国外，许多依赖的拉取速度十分缓慢，所以通常我们也会使用淘宝镜像源的 cnpm 来下载依赖。cnpm 的安装命令如下：

```
npm install -g cnpm --registry=https://registry.npm.taobao.org
```

在安装完成后，输入：

```
cnpm --version
```

如果出现 cnpm 的相关信息，即表示安装成功。之后，我们就可以使用 cnpm 来安装依赖了，以 jQuery 为例，命令如下：

```
cnpm install jquery --save
```

4. 常用命令

下面是 NPM 一些常用的命令，如表 B.1 所示。

表 B.1　NPM 常用命令

命令（[ ] 中的表示可选）	说　明
npm init [-y|--yes]	初始化目录，生成 package.json，-y 和 --yes 参数表示所有的选项均选择 yes
npm install	安装 package.json 中的所有依赖
npm install --production	安装 package.json 中 dependencies 下的依赖
npm install <package>	安装指定依赖
npm install <package> [-g]	全局安装指定依赖
npm install <package> [--save-dev]	安装指定依赖，并将其记录在 devDependencies 中
npm install <package> [--no-save]	安装指定依赖，依赖不需要记录到 package.json 中
npm uninstall <package>	移除指定依赖
npm prune	移除不在 package.json 却在 node_modules 中的依赖
npm update	升级全部依赖的版本
npm update <package>	升级指定依赖的版本
npm outdated	查看过期依赖
npm list <package>	查看依赖的当前版本
npm search <string>	搜索包含关键字的依赖
npm ls [-g] [--depth=0]	查看项目中或全部的依赖包，可指定层级为 0
npm view <package> [field] [--json]	查看依赖信息，包括历史版本；可指定 field 来查看某个键值；可添加 --json 参数以 json 格式显示结果
npm home <package>	在浏览器端打开依赖的主页
npm repo <package>	在浏览器端打开依赖的 GitHub 地址
npm docs <package>	查看依赖的文档
npm bugs <package>	查看依赖的 bug

除了上述命令之外，NPM 还有一些可用的命令，感兴趣的同学可以去翻阅官方文档。

附录 C Webpack 入门

1. 简介

Webpack 是一个前端资源打包工具，正如其字面意思，它可以把多种 Web 静态资源整合在一起，在减少页面请求的同时也方便了开发者使用 JS 和 CSS 的变体语言及模板进行开发。图 C.1 为 Webpack 官方提供的示意图。

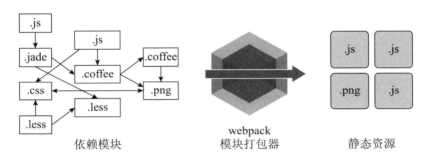

图 C.1 Webpack

2. 基本示例

在使用 Webpack 之前，我们需要先将其下载到本地，命令如下：

```
# 需要具备node.js环境
cnpm install webpack webpack-cli -g
```

之后，创建一个目录 test，并在 test 下创建如下几个文件。

src/index.js

```
export default function index () {
  document.write('<h1>index</h1>')
}
```

src/main.js

```
import index from './index'
index ()
```

index.html

```
<!DOCTYPE html>
<html>
<head>
  <title></title>
</head>
<body>
  <script type="text/javascript" src="dist/bundle.js"></script>
</body>
</html>
```

webpack.config.js

```
const path = require('path')
module.exports = {
  entry: './src/main.js', // 入口文件
  output: {
    path: path.resolve(__dirname, 'dist'), // 输出路径
    filename: 'bundle.js' // 输出文件名称
  }
}
```

接下来在 test 目录下启动命令行工具并输入命令：

```
webpack
```

等打包完成之后，test 下会生成一个新的目录 dist，这是资源打包后的输出目录，里面的 bundle.js 即是打包好的文件。

之后，在浏览器端打开 index.html，将会看到页面显示文字"index"。

3. 配置loader

Webpack 本身只能处理 JS 模块，如果想要打包更多的文件类型，如 CSS，还要为其配置 loader 插件。首先，我们需要在 test 目录下安装 css-loader 和 style-loader 两个依赖，命令如下：

```
cnpm install css-loader style-loader
```

然后在目录下添加 src/index.css 文件，代码如下：

```
body {
  background-color: #eee;
}
```

接着在 src/main.js 中引入 src/index.css 文件，代码如下：

```
import index from './index'
import './index.css'
index ()
```

之后在 webpack.config.js 文件中配置 loader，代码如下：

```
const path = require('path')
module.exports = {
  entry: './src/main.js',
  output: {
    path: path.resolve(__dirname, 'dist'),
    filename: 'bundle.js'
  },
  module: {
    rules: [
      {
        test: /\.css$/,  // 正则表达式，匹配文件类型
        loader: 'style-loader!css-loader'  // 声明使用什么loader进行处理
      }
    ]
  }
}
```

最后，再次启动 Webpack 编译和打包资源。此时，刷新页面即可看到当前的视图，如图 C.2 所示。

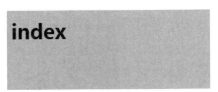

图 C.2　打包 css 文件

从图 C.2 中可以看到，body 的背景颜色发生了变化。

4. 配置plugin

plugin 在资源编译和打包之外提供了更丰富的功能，Webpack 自带一些 plugin，而另一些则需要开发者手动安装。

Webpack 内置的 BannerPlugin 插件可以在打包好的文件开头插入一些注释信息，而 html-webpack-plugin 插件则可以将打包好的资源自动注入到 HTML 模板中。下面，我们将在示例中引用这两个插件。

首先，我们需要在 test 目录下安装 Webpack 和 html-webpack-plugin 依赖，命令如下：

```
cnpm install webpack html-webpack-plugin --save-dev
```

然后修改 webpack.config.js，代码如下：

```
const path = require('path')
const webpack = require('webpack')
const HtmlWebpackPlugin = require('html-webpack-plugin')
module.exports = {
  entry: './src/main.js',
  output: {
    path: path.resolve(__dirname, 'dist'),
    filename: '[hash].bundle.js'  // 加入hash值，防止缓存
  },
  module: {
    rules: [
      {
        test: /\.css$/,  // 正则表达式，匹配文件类型
        loader: 'style-loader!css-loader'  // 声明使用什么loader进行处理
      }
    ]
  },
  plugins: [
    new webpack.BannerPlugin('Created by lonelydawn.'),
    new HtmlWebpackPlugin({
      filename: './index.html',
      template: './index.html',
      inject: 'body',
      hash: true
    })
  ]
}
```

最后，再次启动 Webpack 编译和打包资源。此时，打开 bundle.js，我们可以看到文件开头处出现注释信息"Created by lonelydawn"；同时，dist 文件夹下出现了 index.html，并且打包好的资源被注入到新文件中。

5. 实战示例

下面是一个小型项目的 Webpack 配置文件，同学们可以仔细体会一下，文件的代码如下：

```
const path = require('path')
const webpack = require('webpack')
const HtmlWebpackPlugin = require('html-webpack-plugin')
```

```
const ExtractTextPlugin = require('extract-text-webpack-plugin')

module.exports = {
  devtool: 'eval-source-map',
  entry: path.join(__dirname, 'src/main.js'),
  output: {
    path: path.join(__dirname, 'dist'),
    filename: 'bundle.js'
  },
  devServer: {
    // 静态资源
    contentBase: './static',
    historyApiFallback: true,
    inline: true,
    compress: true,
    port: 8080,
    hot: true
  },
  module: {
    rules: [
      {
        test: /\.html$/,
        use: 'html-loader'
      },
      {
        test: /\.css$/,
        use: ExtractTextPlugin.extract({
          fallback: 'style-loader',
          use: 'css-loader'
        })
      },
      {
        test: /\.js$/,
        exclude: /node_modules/,
        loader: 'babel-loader'
      },
      {
        test: /\.(scss|sass)$/,
        use: ExtractTextPlugin.extract({
          fallback: 'style-loader',
          use: [
            {
              loader: 'css-loader',
              options: {
                url: false,
                minimize: true,
                sourcemap: true
```

```
            }
          },
          {
            loader: 'sass-loader',  // 打包Sass/Scss文件
            options: {
              sourcemap: true
            }
          }
        ]
      })
    },
    {
      test: /\.(woff2?|eot|ttf|otf|svg)(\?.*)?$/,  // 打包字体文件
      use: 'file-loader'
    },
    {
      test: /\.(png|jpe?g|gif)(\?.*)?$/,  // 打包图片资源
      use: 'url-loader?limit=8192&name=images/[hash].[name].[ext]'
    }
  ]
},
plugins: [
  new webpack.HotModuleReplacementPlugin(),  // 热重载
  new HtmlWebpackPlugin({
    title: 'Generator',
    filename: './index.html',
    template: 'src/index.html',
    favicon: 'favicon.ico',
    inject: 'body',
    hash: true
  }),
  // 引入以作为其他插件的依赖
  // new webpack.ProvidePlugin({
  //   $: 'jquery',
  //   jQuery: 'jquery'
  // }),
  new ExtractTextPlugin('style.css')  // 将样式文件抽离单独打包
]
}
```

　　除此之外，Webpack 还有许多配置项、loader 和 plugin 可供使用，笔者在此不再一一列举，感兴趣的同学可以去查阅官方文档进行学习。

附录 D　闭包和对象引用

1. 闭包

简单地说，闭包是能够访问其他函数内部变量的函数。在 JS 中访问一个变量时，解释器会先搜索当前函数作用域中的变量，如果存在则返回，如果不存在则继续搜索父级作用域（最上层为全局环境）中的变量，直到在整个作用域链中都无法找到变量时，则返回 undefined。

JS 中的闭包正是依赖于这种作用域链的机制，由于只有子函数作用域能访问父作用域中的变量，所以闭包也像是"定义在函数内部的函数"。下面来看一个使用 JS 闭包的示例，代码如下：

```
function ShapeFactory (type) {
  var type = type || 'rect'
  var counter = 0
  return {
    createShape: function (size, color) {
      counter++
      console.log('%s %s %s', type, size || 20, color || 'grey')
    },
    getCounter: function () {
      return counter
    }
  }
}

// 圆形工厂
var circleFactory = ShapeFactory('circle')
circleFactory.createShape()
console.log(circleFactory.getCounter())
circleFactory.createShape(15, 'red')
console.log(circleFactory.getCounter())
// 矩形工厂
var rectFactory = ShapeFactory()
rectFactory.createShape()
console.log(rectFactory.getCounter())
```

在这个示例中存在两个闭包，函数 createShape 和函数 getCounter，它们的函数作用域中都含有对外部变量的引用。其中，变量 type 是作为形参传入 ShapeFactory 中并为 createShape 所调用的，而变量 counter 则是在 ShapeFactory 中声明后被 getCounter 调用的。

可以看到，闭包在这里发挥了两个作用。第一，在 createShape 中对变量 type 的调用构建了一个装饰器，允许用户把 ShapeFactory 装饰为任意一个图形工厂，如示例中创建的 circleFactory 和 rectFactory；第二，在 ShapeFactory 函数执行完成之后，由于作用域中的变量 counter 被 getCounter 调用且 getCounter 作为函数返回体的一部分，因此变量 counter 没有被 JS 当作垃圾回收掉，在代码运行之后，控制台将打印如图 D.1 所示的结果。

```
circle 20 grey
1
circle 15 red
2
rect 20 grey
1
```

图 D.1 闭包示例

从图 D.1 中，我们可以看到 counter 是被累加计算的。因此，在 JS 中，闭包也可用于模拟私有变量。

2. 对象引用

在介绍概念之前，我们先来看两段代码：

```
// 示例一
var origin = {
  greeting: 'welcome'
}
var copy = origin
origin.farewell = 'byebye'
console.log(copy.greeting, copy.farewell)

示例二
var origin = {
  greeting: 'welcome'
}
var copy = origin
origin = {
  farewell: 'byebye'
}
console.log(copy.greeting, copy.farewell)
```

这两段代码将分别打印出什么呢？

示例一：

```
› welcome byebye
```

示例二：

```
› welcome undefined
```

假如你都能答对的话，那么可以跳过这一小节了。

在 JS 中定义的对象，解释器会为其分配一个地址，当我们把这个对象赋值于其他对象时，它们会指向同一个地址。如在示例一中，笔者将 origin 赋值给 copy 时，copy 对象将引用 origin 对象的地址，因此当 origin 被修改时，copy 也将随之发生变化。而在示例二中，笔者在复制 origin 之后，为 origin 分配了一个新的地址，此时 copy 依然指向原来的地址，因此在修改 origin 时，copy 不会发生变化。

在项目开发中，有时需要获取对象的投影以使在修改本体和投影任意一个时，两者都会同步更新，这正是对象引用的用武之地。细心的同学可能会留意到，在 Vue 的数据与视图绑定中，这种运用颇多。

不过，有时我们只是想复制对象的值，并不想让它们引用同一个地址，用专业的话来说就是深度拷贝对象，这时候应该怎么做呢？

办法也很简单，活用一下 JS 中的 JSON 对象即可，示例代码如下：

```
var origin = {
  greeting: 'welcome'
}
var copy = JSON.parse(JSON.stringify(origin))
origin.farewell = 'byebye'
console.log(copy.greeting, copy.farewell)
```

代码的运行结果如下：

```
› welcome undefined
```

可以看到，copy 并未随着 origin 发生变化。

附录 E　常见的 ECMAScript 6 语法

ECMAScript 6 也被称为 ES 6，是由国际标准化组织 ECMA 提出的第六代 JavaScript 标准。这一代标准除了继承 ES 5 的规范之外，还丰富了许多特性。虽然这些特性并不全部能被所有的浏览器兼容，但由于其为开发和维护带来的便利，这项标准依旧得以广泛运用。

本文将选取常见的几种 ES 6 语法进行讲解，掌握这些将让你在 ES 6 项目的开发中游刃有余。

1. 多行字符串

在 ES 5 中，处理长字符串时往往采用这样的写法：

```
var content = '<div class="container">' +
  '<div class="header"></div>' +
  '<div class="body"></div>' +
  '<div class="footer"></div>' +
'</div>'
```

而 ES 6 提供了更好的写法——多行字符串，示例代码如下：

```
var content = `<div class="container">
  <div class="header"></div>
  <div class="body"></div>
  <div class="footer"></div>
</div>`
```

2. 字符串模板

除了创建多行字符串之外，`` 符号还可以用于创建字符串模板，我们可以在字符串模板中输出变量，示例代码如下：

```
let hello = 'hello'
let helloWorld = `${hello} world`
console.log(helloWorld)
```

代码运行之后，控制台将打印：

```
> hello world
```

3. 块级作用域

在 ES 5 中，我们可以使用 var 关键字来声明函数作用域的变量。但在循环和判断语句中，var 关键字并不生成作用域，这意味着在这两者的代码块中声明的变量在代码块外依然可以访问到，示例代码如下：

```
for (var i = 0; i < 10; i++) {}
console.log(i)
```

代码运行之后，控制台将打印：

```
› 10
```

在 ES 6 中，我们可以使用 let 关键字来声明块级作用域的变量，示例代码如下：

```
for (let j = 0; j < 10; j++) {}
console.log(j)
```

代码运行之后，控制台将报错

```
› Uncaught ReferenceError: j is not defined
```

除了 let 之外，我们还可以使用 const 关键字来声明块级作用域的变量，不过使用 const 声明的变量的值不可被修改。

4. 默认参数

在 ES 5 中，对函数形参设置默认值需要这样写：

```
var createShape = function (type, size, color) {
  var type = type || 'circle'
  var size = size || 20
  var color = color || '#417b9f'
}
```

在 ES 6 中则可以这么写：

```
let createShape = function (type = 'circle', size = 20, color =
'#417b9f') {}
```

这样是不是更简洁了呢？

5. 对象字面量

使用 ES 5 语法来声明一个引用外部变量或者包含方法的对象时，我们可能会这么写：

```
var msg = 'hello'
var object = {
  msg: msg,
  logMsg: function () {
    console.log(this.msg)
  }
}
```

在 ES 6 中则简化了这一写法，当对象引用外部变量和定义方法时，可以不再使用键值对的形式，示例代码如下：

```
let msg = 'hello'
let object = {
  msg,
  logMsg () {
    console.log(this.msg)
  }
}
```

6. 析构赋值

在 ES 5 中，分解一个对象需要这样写：

```
var author = { name: 'lonelydawn', email: 'lonelydawn@sina.com' }
var name = author.name
var email = author.email
```

ES 6 则提供了更便捷的方式，示例代码如下：

```
let author = { name: 'lonelydawn', email: 'lonelydawn@sina.com' }
let { name, email } = author
let { name: username, email: contact } = author
```

除了对象外，我们还可以对更多类型的变量使用析构语法，代码如下：

```
// 数组
let counter = [ 1, 2, 3 ]
let [ one, two, three ] = counter
let { 0:four, 1:five, 2:six } = [ 4, 5, 6 ]
// 字符串
let [ a, b, c ] = 'abc'
let { length: len } = 'abc'
// 数值和布尔值
let { toString: s1 } = 123
let { toString: s2 } = true
```

这一特性妙用无穷，除了为开发带来方便之外，还能使代码看起来十分高大上，当然也可能使代码变得异常难读。

7. 箭头函数

在 ES 6 中，任何需要匿名函数的地方，我们都可以使用箭头函数来替代。下面是在 ES 5 中几个使用匿名函数的示例代码：

```
// 事件监听
document.body.onclick = function () {}
// 回调函数
setTimeout(function () {}, 10)
// 对象方法
var foo = {
  init: function () {}
}
// 变量声明
var hub = function () {}
```

使用箭头函数的写法如下：

```
// 事件监听
document.body.onclick = () => {}
// 回调函数
setTimeout(() => {}, 10)
// 对象方法
var foo = {
  init: () => {}
}
// 变量声明
var hub = () => {}
foo.init()
```

与匿名函数不同的是，箭头函数并不会创建函数作用域，箭头函数中的 this 将指向父级函数作用域，这在使用 Vue 进行开发时需要特别注意。

8. 类和对象

我们先来看一个示例，代码如下：

```
class People {   // 使用class关键字来定义类
  constructor (name) {   // 构造器
    this.country = 'China'   // 静态变量
    this.name = name
  }
  getName () {   // 方法 getName
    return this.name
  }
```

```
  getCountry () {
    return this.country
  }
}
class Author extends People {   // 继承People类
  constructor (name, email) {
    super(name)   // 调用超类的构造器
    this.email = email
  }
  getEmail () {
    return this.email
  }
}
let p = new People('John')   // 实例化对象
console.log(p.getName())   // 调用对象的方法
console.log(p.getCountry())
let a = new Author('lonelydawn', 'lonelydawn@sina.com')
console.log(a.getName())
console.log(a.getCountry())
console.log(a.getEmail())
```

　　笔者先在示例中定义了 People 类，其拥有构造函数、country 属性和 name 属性、getCountry 方法和 getName 方法；之后，笔者又定义了 Author 类，Author 继承于 People，笔者还为其拓展了 email 属性和 getEmail 方法。

　　接下来，笔者声明了 People 类的实例 p 对象和 Author 类的实例 a 对象，并调用了实例的方法。代码运行之后，控制台将打印出：

```
› John
› China
› lonelydawn
› China
› lonelydawn@sina.com
```

　　其实在 Vue 项目的开发中，类的运用很少，此处稍作了解即可。

9. 模块化

　　在 ES 6 之前，JS 的模块化有两大山头：一是基于 AMD 规范的 requireJS；二是基于 CMD 规范的 seaJS，两者都是为了弥补 JS 没有模块化机制的缺陷而出现的。

　　自从 ES 6 诞生以来，JS 也终于有了自己的模块化机制。那么在 ES 6 中，模块是如何导入导出的呢？

　　ES 6 提供了 export 和 import 一对关键字进行模块导入和导出，示例代码如下：

greetings.js

```
// 导出常量
export const author = 'John'
// 导出函数
export function sayHello (name) {
  return `Hello ${name}`   // 字符串模板
}
// 导出引用内部函数的函数
export function sayHelloByAuthor (name) {
  return `${author}: ${sayHello(name)}`
}
```

main.js

```
// 析构引入
import { author, sayHello, sayHelloByAuthor } from '../assets/data'
// 整体引入
import * as greetings from '../assets/data'
```

笔者在本书的实战项目中大量使用这两个关键字，同学们可以查看项目源码进行学习。

10. Promise 函数

关于 Promise 函数的教程有很多，笔者不打算重弹前人的老调，这里只讲述两个点，一是为什么要用，二是如何使用。

假如现在有两个后台请求，B 请求需要根据 A 请求获取的数据来发送请求。举个例子，在一个新闻 App 的首屏加载过程中，前端程序员需要先发送 A 请求获取如娱乐、军事、体育等分类列表，之后将列表中的第一项作为请求参数向后台发送 B 请求，以获取该分类下的新闻列表。乍一听，我们似乎应该这样写：

```
var categories = []
var news = []
// A请求
ajax.get({   // 假设ajax为异步请求控件
  methods: 'GET',
  url: '/categories'
}).then(res => {
  categories = res.data
})
// B请求
ajax.get({
  methods: 'GET',
```

```
    url: '/news',
    query: { category: categories[0] }
}).then(res => {
    news = res.data
})
```

但由于 AJAX 请求是异步执行的，代码排列的先后顺序并不能决定请求的完成顺序，因此 B 请求有可能失败。如果不使用 Promise 的话，笔者会这么写：

```
var categories = []
var news = []
var canGo = false  // 信号量
ajax.get({
    methods: 'GET',
    url: '/categories'
}).then(res => {
    categories = res.data
    canGo = true   // 标识A请求完成
})
let timer = setInterval(function () {   // 循环检测
    if (canGo) {   // 当A请求完成后，执行B请求
        ajax.get({
            methods: 'GET',
            url: '/news',
            query: { category: categories[0] }
        }).then(res => {
            news = res.data
        })
        clearInterval(timer)   // 清除定时器
    }
}, 10)
```

这里使用定时器对 A 请求的执行状态进行循环检测，当判定 A 请求完成后，信号量 canGo 的值将被设为 true，此时 B 请求方可执行。看上去，这种写法确实解决了问题，但却占用了较多的浏览器资源。我们来换一种写法，使用异步嵌套循环，代码如下：

```
var categories = []
var news = []
ajax.get({
    methods: 'GET',
    url: '/categories'
}).then(res => {
    categories = res.data
    ajax.get({
        methods: 'GET',
        url: '/news',
```

```
    query: { category: categories[0] }
  }).then(res => {
    news = res.data
  })
})
```

这种写法也可以解决问题，但当请求增多，嵌套层次越来越深时，代码将会显得十分臃肿，难以阅读和维护。下面，我们来看一下使用 Promise 函数的写法，代码如下：

```
var categories = []
var news = []
new Promise (function (resolve, reject) {  // 匿名函数接收回调函数resolve
和reject
  ajax.get({
    methods: 'GET',
    url: '/categories'
  }).then(res => {
    categories = res.data
    resolve(categories[0])  // 当请求成功时，执行resolve回调
  }).catch(error => {
    reject(error) // 当请求失败时，执行reject回调
  })
}).then(data => {  // resolve函数
  ajax.get({
    methods: 'GET',
    url: '/news',
    query: { category: data }
  }).then(res => {
    news = res.data
  })
}).catch(error => {  // reject函数
  console.log(error)
})
```

在异步处理成功和失败时，Promise 均会为开发者提供相应的回调函数以编写业务逻辑，这是一种解决异步嵌套的成熟机制。此外，它以环环相扣的链式结构避免了臃肿的代码堆积，项目因此看上去更加优雅。

除了上述内容之外，ES 6 还有许多强大的特性可供使用，这里笔者不再多说，感兴趣的同学可以翻阅官方文档进行学习。